抗压力
亲子篇

**親子で育てる
折れない心**

レジリエンスを鍛える
20のレッスン

[日] 久世浩司 著

苏萍 译

四川文艺出版社

前 言　孩子能创造幸福未来的秘诀

你的孩子现在正在描绘着怎样的梦想呢？

"我将来想成为职业棒球运动员。"

"我要当一个足球运动员，去 AC 米兰踢球。"

"我喜欢读小说，所以我的梦想是长大后成为作家。"

孩子的梦想是多种多样的。很多孩子的梦想是运动员、作家或是明星这些光鲜亮丽的职业，父母们总是想最大限度地支持孩子们这些单纯的梦想。

话虽如此，但梦想总是容易遭受挫折，很早就踏入社会工作的父母自然心知肚明。因此很多父母觉得不论从事何种职业，将来孩子能够一直做他们自己喜欢的事情，以此为生，并生活幸福就足够了。与孩子过于宏大的梦想相比，这只是微不足道的心愿罢了。

然而，在孩子遥远梦想之路的起点，在最日常的生活场景中，有很多时候，孩子是很容易摔跟头的。你会经常看到这些让父母忍不住想说"这么点小事，不要灰心，继续努力"的场景。

- 考试或是体育成绩不理想，心情低落，许久都闷闷不乐。
- 无端焦躁不安，一旦被朋友嘲笑便立即翻脸，争吵一触即发。
- 面对挑战，消极认为"自己根本无法做到"而放弃。
- 被拿来与朋友或兄弟姐妹比较时，显得没有自信，固执地认为"我就这样了"。
- 深入学习某些兴趣爱好时，无法像预想中那样顺利，便会失去干劲而放弃。
- 一旦失败了，常常担心下次也会不顺利。
- 与小圈子里的朋友相处不融洽时，苦恼不堪。
- 心里不安时，会独自一个人承受，不向任何人倾诉。

你的孩子是否也有这种受挫的经历？

如今的孩子和我们成年人一样，每天忙忙碌碌，学校的课业不用多说，有些孩子既有社团活动，还有补习班和兴趣班。即使是忙，如果生活中都是些愉快的事情，或许每天都能过得很充实、很愉悦。然而事实上，孩子们大多会感到疲倦和有压力。更有甚者，在处理与朋友、家人的人际关系方面都会遇到麻烦。

现在的孩子在忙碌的同时背负着巨大的生活压力。或许正因为这点，他们很多时候无法按照自己的心意来行事，经常遇到挫折。

作为父母，你可能会感到不解："为什么我的孩子会因为这种小事而沮丧呢？"可是从孩子眼中，我们能看到一堵高墙，看到让他们吓得两腿发软的墙壁。

孩子在学校和生活中遇到的挫折，对他们来说就是所谓的"逆境"。下面，我们将孩子的逆境转换为成人版，自然就能了解其严重性。

- 工作中出不了成果，情绪低落，一直郁郁寡欢。
- 因忙碌和压力而无端焦虑，和同事、家人关系紧张。
- 在工作中面对挑战时，消极地认为自己完全无法胜任而放弃。
- 和同事，尤其是同期入职的同事做比较时，往往会失去信心，固执地认为自己的价值太渺小了。
- 在工作和人际关系上遭受挫折时，会担心下次是不是也会如此不顺利。
- 在公司里对派系和集团关系处理不顺，会因为人际关系问题而苦恼。
- 拥有很强的责任感，往往一个人独自承受对未来的不安，不与任何人讨论。

参照上面"成人版的挫折",我们对孩子的状况有多辛苦就容易理解了。而且,孩子们承受的压力和苦恼的种类有时候和大人的并无二致。

挫折本身并没有什么大不了的。即使是日本孩子的偶像 —— 美国职业棒球大联盟运动员铃木一朗、日本足球运动员的代表本田圭佑、职业网球选手锦织圭 —— 也曾历经各种挫折。

问题是遭受挫折的时候,很多孩子久久无法重整旗鼓,情绪低落的状态会一直持续。习惯了这种状态之后,孩子便很容易失败,缺乏上进心,会养成逃避新挑战的行为模式。如果没有勇于接受挑战的热情,随之而来的会是成长速度的迟缓。因为努力接受挑战,才有机会成长。

即使进行得不顺利,也能努力加油坚持下去。尽管出现了棘手的问题或者纠纷,也能够毫不动摇地走下去。即便失败了也不气馁,坚强地保持一颗倔强的心,依然能够不惧怕新挑战,积极地解决问题。

我将具有上述特征的孩子称为"抗压儿童",本书是第一本向父母和孩子介绍如何培养孩子抗压力的书。关于"抗压力"这个概念,我将在序章中做详细的说明。

抗压儿童会发展出强大的内心

如果在孩童时期便拥有能够战胜逆境的力量 —— 抗压力，结果会怎样？

首先，内心会改变。孩子会成长为一个碰壁也不会气馁，危急时刻也能化险为夷的内心强大的人。

其次，思考方式会发生变化。倘若具备了抗压力，孩子会形成思考的良性循环：事情进行不顺或者失败都不是问题；最重要的是在这样的状况下该采取何种行为应对。

再次，行动力也会得到改善。即使发生了问题，他们也会充分开动脑筋，思考应对措施。消极的情绪不会长时间持续，他们会很快重新振作起来，并能鼓足勇气去挑战下一个课题。

那么，抗压力强的孩子在长大成人之后会有什么不同吗？

他们会成为不惧紧张，在入职之后能够充分发挥自己的实力，出色完成所负责工作的人才。他们能够超越逆境，因而会被同伴视为领袖，获得加倍的信任。

此外，他们可以有效处理职场的压力，保持心理健康。在现代社会，退休年龄被延长至 65 岁[1]后，我们需要工作更

---

[1]　日本政府拟于 2019 年提交延迟至 65 岁退休的相关法案。——编者注

长时间。为了在长期的职业生涯中保持良好状态，健康的身心是不可或缺的。

总之，拥有抗压力的孩子长大后，不容易遇到前文列举的"成人版"逆境中的种种困难。

磨炼抗压力，不仅是为了让孩子的内心变得强大，在受挫后也能保持坚强。我们的最终目的是"幸福"。不怕失败、不断接受挑战的孩子，每次都能获得长足的进步，从而拥有一个充实而又有价值的人生。抗压力如同开启孩子幸福未来必备的一把钥匙。

我也希望自己的两个孩子能够度过幸福、健康、平安而又充实的一生。作为前提，我认为"孩子要具有谦虚而又坚强的内心"，因此从小学开始，我便通过教育，一直在努力培养孩子们的抗压力。

大家如果也希望自己的孩子获得幸福，请将第一步定为"将自己的孩子培养成为一个内心强大的孩子"吧，这小小的一步会给孩子的未来带来积极的影响。孩子转瞬间便会长大成人，离开家独自生活。如果大家希望孩子成为一个内心强大的人，那么就从现在开始通过教育来锻炼孩子的抗压力吧。

忙碌的父母也能采用的方法

本书的重点读者是那些为孩子设身处地考虑，想将孩子培养成为内心强大的人，但是每天都很忙，无法把教育孩子这件事放在首位的父母。我自己也正是这样的父亲。

说来惭愧，我们为人父母，既有工作，要顾及自己的职业规划，又有家务活，有人际交往，还有自己想做的事情。虽然觉得子女教育很重要，但是并不一定能抽出时间来教育孩子，更不用提专门认真读一本教育方面的书了。

故此，为了能让大家高效地读完本书并活学活用，我特地对本书的结构进行了思考。考虑到易读性和实用性，我在帮助读者理解抗压力的基础上，将要讨论的重点全部罗列了出来。

①分项介绍要点

即使不从头开始读起，只要大致浏览一下概括的要点就能够达到快速阅读的目的。如果有在意的部分，在时间充裕的周末等时间可以细读。

②附有专栏"3分钟父母练习"

从自身经验出发，我认为重要的是父母自身应先具备抗压力，以此为孩子做榜样。即使是在忙碌的日子里，抗压力的练习也只用 3 分钟便可完成。

③利用专栏"3 分钟亲子练习"进行实践

哪怕是每天非常忙碌的孩子，也能花 3 分钟集中精力做练习。请父母利用这种练习，通过提问的方式，引导孩子的关注点。

本书中提供的练习共有 20 个。不需要全部做完，可以根据父母和孩子自身的状况使用，或者将其作为理解本书内容的辅助材料。重要的是当孩子受到挫折之时，父母不要抢先帮忙解决问题，而要引导孩子自己注意到问题。

如果孩子发现"啊，原来我自己也可以解决这个问题"，那么这种认识会成为他们未来自信心的来源，他们对今后面临的问题也能随机应变，并能凭借自己的力量渡过难关。

适合所有孩子的练习

我自己便有通过活学活用抗压技巧而从生活和工作的逆境中重新站起来的经历。以此经历为契机，我把向更多的人介绍这项有用的研究和提高抗压力水平作为自己的使命。后来，我也有幸出版了《抗压力》这本初次介绍众多跨国企业采纳的抗压力培训内容的商务实用书。

最近，有很多企业委托我在员工或管理者中开展培养抗压力的项目。此外，NHK 电视台《聚焦时事》节目也做了一期《强大内心的培养方式：您是否了解抗压力?》专题，介绍了某家企业开展抗压力培训的情况。

我感到我一人之力总是有限，因此，我现在也在着力培养抗压力培训项目的教练和讲师。而且，从自身经历出发，我希望大家都尽早拥有抗压力。为了提供这样的机会，我与一些志同道合的伙伴也在尽力培养面向学校的抗压力培训教师。

现在，抗压力不仅限于小学、中学和高中，也在大学中得到了有效利用。特别是对身处求职不顺的逆境中、诸多烦恼缠身的大学生来说，抗压力尤其必要。

我还有幸获邀在 NHK 教育电视台受欢迎的教育节目《引导教育》[②] 中出任嘉宾，节目介绍了我以共同讲师身份开设的"亲子抗压力讲座"的情况。这一讲座是供小学 3 年级的孩子们和父母一起参加的。起初志忑不安的孩子们在得知"情绪低落没关系，能很快重新振作就够了"后便很安心，在讲

---

② 面向 30 ~ 40 岁年龄层成年人的教育节目，提出关于日本教育、子女抚养等方面的课题，由浅入深地探讨教育相关问题。——译者注

座结束后开心、精神抖擞地返回家中。看到他们的改变，我自己也很开心。

通过以上这些经历，我可以自信地断言，即便是看上去内心脆弱的孩子，也能拥有抗压力。如果大家感到自己的孩子内心很脆弱，实际上那并不代表孩子内心本来就脆弱，或许只是孩子属于对周围刺激比较敏感的类型而已。

这类人在心理学上被称为"高度敏感人群"（highly sensitive person），我们一般认为有 20% 的人都属于这个类型。一个公认的观点是，这个类型的孩子通过父母完善的家庭教育和对抗压力的培养，长大后能够成为具有丰富感受性和创造力的优秀人才。

诸位的孩子，不论是否属于这种非常敏感的类型，都应该尽早进行抗压力练习。从自己的经历出发，我深切感受到在青春期之前亲子关系密切的小学时期是最容易培养出抗压儿童的时期。

最后要提到的是，本书是以心理学家伊洛娜·博尼韦尔（Ilona Boniwell）博士开发的"SPARK 抗压力练习法"为基础写成的。如果这种方法能帮助你的孩子以坚强的内心度过幸福的一生，我将感到无比荣幸。

目　录

序　章

何谓抗压力

抗压力的原意

孩子在什么样的情况下需要抗压力？在学校和每天的生活中"跌倒"的时候，也就是面对困难或者必须接受挑战的时候，会感到疲倦和有压力、紧张或者心跳加快的时候。

抗压力差的孩子如果因为某些事而一度跌倒，是无论如何也无法重新站起来的。情绪低落的状态如果长期持续，干劲会逐渐消失。将这种状态称作"逆境"或许有些夸张，但是抗压力差的孩子在困难面前力量渺小，在某种意义上被打败了。

抗压力，英语为 resilience，最初是什么意思？

这个词本身在日本还是新词。2014 年春，NHK 的节目《聚焦时事》中有一期专题，在获得两位数的高收视率后，这个词就传遍了大街小巷。后来，NHK 教育电视台的儿童教育节目《引导教育》也制作了一期名为《为孩子打造坚强内心》的抗压力专题。我想让更多的人了解抗压力,因此在上面提到的两个节目中,我从策划阶段就开始帮忙,节目中也播放了企业中的抗压力培训和亲子抗压力讲座的情况。

在心理学领域,抗压力研究有 30 年以上的历史。在西方,抗压力研究不仅适用于儿童家庭教育和学校教育,也广泛应用于心理疗法和心理咨询领域、企业和军队等机构内的人才培养和组织开发活动。

近来,抗压力的思考方式扩展到了其他领域,如企业进行危机管理的业务连续性管理(BCM),以及国家应对自然灾害、旨在谋求国家政权巩固与领土完整的国家适应性等更广泛的领域里。

关于抗压力的定义,美国心理学会(American Psychological Association)的这句话是最有代表性的:"所谓抗压力,是指在应对逆境、困难和强大压力的时候,个体的精神和心理适应的过程。"

抗压力比智商和学历更能决定人生的成功和幸福

我在之前的著作《抗压力》中表示,为了在压力重重、日新月异的商业世界中发挥自己的实力并获得成功，磨炼抗压力与提升学历、商业技能同样重要。

著名的商业杂志《哈佛商业评论》（*Harvard Business Review*）也提到："与学历、经验以及受过的培训相比，个人抗压力的水平决定着谁成功、谁失败"。

我自己也从在宝洁公司这个全球性企业与世界顶级精英们一起工作的经历中切身感受到，在智商和学历以外，抗压力的有无决定着漫长职业生涯中工作的成功与否。

总之，磨炼抗压力的目的不仅仅是培养能承受打击的坚强人才。

业内销售额领先的能源公司——荷兰皇家壳牌石油公司和世界知名的投资银行——高盛集团公司，都会在员工中开展抗压力培训。在微软等知名企业中，抗压力被认定为领导力评估标准中的一项。原因是，抗压力不仅是对压力的耐力，也是领导力的重要一环和确保职业生涯自律的重要因素。

磨炼抗压力是事业成功和人生幸福的基础。

要点

培养孩子的抗压力，对帮助孩子在进入社会后获得成功、享有幸福人生有重要作用。

抗压力的三个方面

心理学研究认为，抗压力有三个方面。

第一个方面是**复原能力**。我在演讲和企业培训的一开始都会展示两张不同的照片，以此引出大家对"抗压力"共同的正确认识。

首先，我会展示一张外表上看起来很坚固的大树在暴风雨中轰然倒下的照片，并解释说："即使外表上充满自信，看上去很坚固，遇到逆境时也可能遭受挫折，无法恢复过来。"话音刚落，在座者纷纷点头同意。

接着，我会给大家看一张伸向天空笔直生长的竹子的照片。

然后，我会解释说："竹子和大树相比较，看上去弱不禁风，但是即便遇到台风也绝不会折断，第二天一早就恢复到原来的状态了。究其原因，是因为竹子富有韧性，因此不会折断。"

人也是如此，执着于某些事情、带有固执想法的人，会承受不住意外和打击，内心会一下子"折断"。然而，思维富有弹性、能屈能伸的人则不惧疲倦和压力等外在力量，拥有快速恢复的能力。他们的内心也不会脆弱地"折断"，而是很容易重新站起来。

孩子们遇事不顺利而沮丧的时候，被同学排挤而感到悲伤的时候，会情绪低落地回到家。气馁本身并不是大问题，只是如果这种消极状态持续，当动不动就低声抽泣成为习惯之后，孩子的内心就会变得脆弱。

因此，即使是有难熬的事情，内心快要承受不了，也能快速地恢复过来，或者在好好吃一顿后就忘记烦恼重新出发，这种复原力是抗压力的第一个方面。

第二个方面是**缓冲能力**，一般被称为"越挫越勇"。也就是说即使面对危机和麻烦，也不气馁放弃，而是灵活地击退困难的能力。具备这种能力，便具有了对压力的耐性。

为了让诸位明确缓冲能力的内容，我用网球来打个比方：即使从外部敲击，球也不会瘪掉，而会有弹性地恢复原状。与此相反，越挫越弱的意象则像被打碎的生鸡蛋，蛋黄会流出来——鸡蛋面对外部压力，容易发生裂痕。

如果具备了缓冲能力，便犹如冬天裹上了一件令人感觉不到寒冷的厚外套，就不会在意外部的压力，而内心的动摇也会减少很多。这并非由于我们变得迟钝了，而是在保有感受性的同时，我们能够随机应变，时而接纳，时而回弹，时而让情绪径直穿过。

抗压力的第三个方面是**适应能力**，这是适应变化的能力。我认为这种能力非常重要。对孩子日后的学习和就业来

①复原能力　　　　　②缓冲能力　　　　　③适应能力

何谓抗压力

说，这可能是需要用到的最重要的能力了。

原因是这样的。例如在日本，2021 年后，大学入学考试将做出重大调整，与此同时，学校和补习班的补习内容也会相应改变。有可能一直以来我们掌握的学习方法和以背诵为主的科目中能够获取高分的技巧会变得不再适用。

在这个过渡期间，即将接受入学考试的孩子必须在前所未有的不安情况下迎来公布成绩的时刻。如果没有应对变化的适应能力，是完全不可能做到的。

此外，孩子长大后踏入社会大显身手的时候，对变化的适应能力也非常重要。因为除了学校，现代社会中也充满了变化。

在技术革新和全球化进程的带领下，世界变化的速度越来越快，依然保持原状的产业与企业会显得越来越陈腐。企业内部的组织变革和企业并购带来的资源整合频繁进行，变化和变革成为常态。

特别是在瞬息万变的 IT 行业，人们通常认为如果缺乏敏锐度，工作就无法进行下去。而在 IT 以外的任何行业也一样，如果不能适应变化，就要承担风险，要么被卷入变化中成为牺牲者，要么成为被变化所遗弃的毫无价值的参与者。

要点

抗压力包括复原能力、缓冲能力、适应能力三个方面。特别是在瞬息万变的当今社会中，适应能力尤为重要。

促进抗压力发展的三个外因

那么，该如何培养具备复原能力、缓冲能力、适应能力的抗压儿童呢？这包含外在和内在两个因素。让我们先从外因说起，这个概念可以理解为孩子周围的环境。

首先是**稳定的家庭**。家人之间的交流轻松、明快，亲子、夫妻之间的感情表达坦诚。此外，夫妻之间的关系对等，即使出现问题，家人也能站在同一个立场上，坚信有美好的未来而着手解决问题。这些是能够培养孩子抗压力的家庭环境的特征。

父母的榜样作用也是一个重要的外因。父母即便遇到困难也能积极应对的姿态是帮助孩子获得抗压力的最佳行为模范。而且父母以身作则传授的经验，会让孩子产生一种"我也可以做到"的自信感（自我效能感）。

根据心理学的研究可知，仅仅2岁的孩子也会模仿父母说话的口吻、做事的态度甚至是思考方式，即以此为榜样。

尤其是，如果受到容易悲观的父母的影响，孩子的想法往往也会变得消极。为了给孩子的心理带去比较积极的影响，父母应该尽量成为好的榜样。

对孩子来说，占生活一大部分的**优良的学校环境**也是形成抗压力的重要的外因。孩子在学校生活中不断经历成功与失败，他们与同学之间形成了人际关系，与同龄人聚集成了小集团。在这里，他们找到了自己存在的位置，拥有了在集团中被认可的经历。所有的一切都与抗压力的提高密不可分。

作为父母，为孩子选择学校可以说是一件非常重要的工作。以教学水平为重要标准来选择学校无可厚非，但是请确认一点，即学校在培养孩子抗压力方面是否提供了齐备、合适的支持环境。

要点

　　想培养抗压儿童，稳定的家庭、父母的榜样作用和优良的学校环境这三点是重要的外因。

促进抗压力发展的五个内因

　　接下来说明一下抗压儿童必备的内因。

　　在林林总总的研究中，本书将沿用在 NHK 电视台《聚焦时事》节目中提到的"抗压力的五个内因"来讨论如何培养孩子强大的内心。

　　第一个内因是**自尊心**。这一点也被称为"自我肯定感"，在学校教育中备受关注。孩子如果能肯定自己，不妄自菲薄，拥有承认自我价值的自尊心的话，哪怕是身处逆境，对自己也是持肯定态度的。面对困难，他们内心强大，有一种绝不认输的倔劲。

　　例如，在接受挑战时消极地认为自己很难成功而放弃的孩子，还有与朋友或兄弟姐妹做比较时丧失自信，固执地认为自己没什么用的孩子，可能都是自尊心并非特别强的孩子。你的孩子如果有类似倾向的话，建议从第一章读起。

　　很重要的一点是，自尊心强与高度幸福感关系密切，而自尊心弱与抑郁症的症状有关。为了培养一个幸福、健康的孩子，自尊心是一项绝不能忽视的心理因素。

　　第二个内因是**情绪调节能力**。这是在其他人放弃的时候，自己能够控制感情，耐心地继续向前努力的能力。特别是在感到麻烦和有压力的时候，能够不让自己的情绪左右摇摆而是做到从容不迫的人，可以说是擅长情绪调节的人。

　　有时候，孩子一旦失败，马上就会气馁并闷闷不乐，无论如何都无法重新站起来。这时孩子莫名地焦虑，积蓄的怒气会时而爆发，整个人处于崩溃的边缘；有时候并没有做什么，却发出"累死了"的抱怨。孩子出现的这种情况，通常是情绪调节能力不足的表现。

　　情绪调节能力强的人可以适当控制消极情绪，提高积极乐观的情绪，生机勃勃地生活下去。为了能够过一个美好而又丰富的人生，这种能力不可或缺。

　　自我效能感是第三个内因。这意味着认为自己只要做就可以做到，即使是在其他人认为难以完成的场合下也能坚持到最后。

　　我们一眼就能辨别出自我效能感强的孩子，因为他们浑身上下充满了对自己擅长领域的自信。即便眼前有难题，他们认为只要够努力就能解决，所以他们不会放弃。

这种自信貌似毫无根据，但事实并非如此，这是根据科学理论而非想象的"有依据的自信"。这种源于自我效能感的自信是帮助我们战胜逆境的不可或缺的工具。

第四个内因是**乐观性**。这是一种对明朗未来的展望，是一种积极地看待事物，即使遭遇困难也能继续前进的心态。

基于抗压力的乐观性特征并不是指发生了什么坏事都会积极地认为事情将顺利进行的"非现实性的乐天主义"，而是指从更加现实的角度进行乐观思考。正确的态度是现实并正确地看待事件，合理地做出判断，灵活地应对。与只看到积极一面、忽视消极一面的"乐天心态"不同。

第五个内因是**社交技能**。这是能够与周围人发展良好的关系，从而在遇到困难时不会陷入封闭的思考，能够从逆境中脱身的技能。

拥有这种技能的人，在家庭和职场上都能发展出紧密的人际关系，他们一旦遇到困境，人际关系会通过言语沟通等方式为其提供精神上的支持。

要点

自尊心、情绪调节能力、自我效能感、乐观性和社交技能五个内因是培养抗压儿童的秘诀，这五个方面需要得到均衡培养。

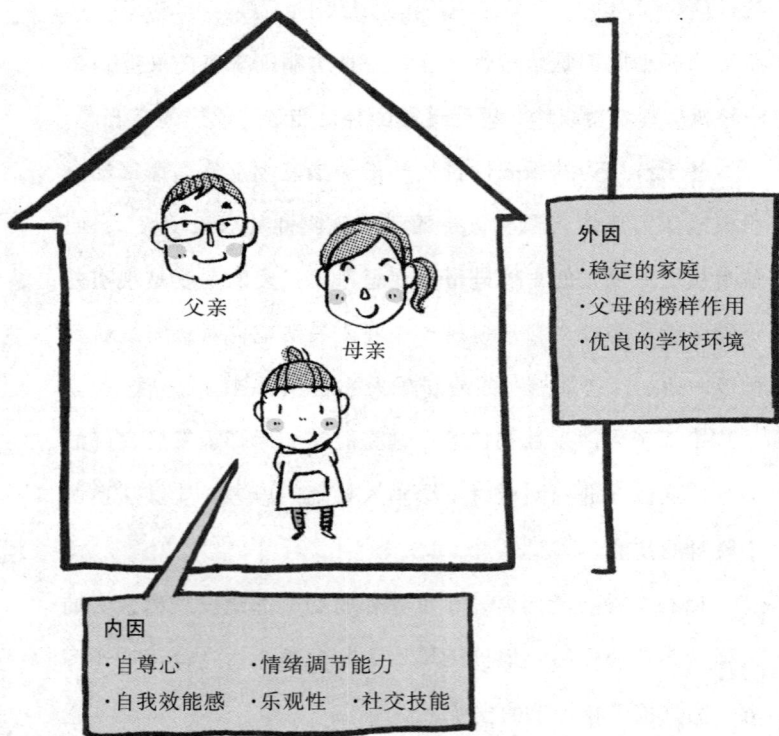

父亲

母亲

外因
·稳定的家庭
·父母的榜样作用
·优良的学校环境

内因
·自尊心　　·情绪调节能力
·自我效能感　·乐观性　·社交技能

抗压力的外因和内因

先找到需要强化的唯一因素

那么，上述抗压力的五个内因中，对于你的孩子来说，强化要点是哪一个呢？

实际上，在任何一类练习中，选择成长所必需的要素中最重要的某一项，集中有限的时间和努力都是取得成果的秘诀。

因此，我们准备了面向父母的测试（第16页），父母可以借助它找寻自己孩子的"抗压力强化要点"。

请回顾一下最近孩子的状态，然后回答以下全部10个问题。分数最高的那个项目则是强化要点。

比如，如果出现很强的"习惯认为自己完全不行，容易放弃，与朋友和兄弟姐妹比较时容易丧失自信心"的倾向，那么就要考虑将自尊心作为强化要点。这时，请阅读第一章中关于自尊心的解说，思考一下能做些什么来提高孩子的自尊心。

如果能够决定强化要点的优先顺序，即使再忙，我们也可以做到有效地教育孩子。

3分钟父母练习

❶ 发现孩子的抗压力强化要点

目的

在抗压力的五个内因中，考虑将重点放在哪一项上来培养孩子。

回顾最近1个月孩子的状态，请在最合适的选项上打"√"。

①完全不符合　　　　　　②基本不符合
③一定程度符合　　　　　④非常符合

1.	在面对挑战时，消极地认为自己完全无法做到，从而放弃。	①②③④
2.	与朋友和兄弟姐妹比较时容易丧失自信心，固执地认为自己一事无成。	①②③④
3.	在学校生活或体育运动中表现不佳而情绪低落，长时间闷闷不乐。	①②③④
4.	无端焦虑，被朋友嘲笑便会立刻翻脸，争吵一触即发。	①②③④
5.	从事某些兴趣爱好或者体育活动时，如果无法像预想中那样顺利进行，就会失去干劲，从而放弃。	①②③④
6.	一旦遇到难题或者麻烦的事情，就会中途放弃。	①②③④
7.	失败一次后，就总是担心下次也不会顺利。	①②③④
8.	一旦出现问题，就会情绪低落，认为都是自己不好。	①②③④
9.	在小圈子里跟朋友相处不融洽时，苦恼不堪。	①②③④
10.	心里不安时会独自一人承受，不向任何人倾诉。	①②③④

强化要点　<**计分方法**>将圆圈内数字相加，下面5项中合计分数最高的即为强化要点。

1. 在面对挑战时，消极地认为自己完全无法做到，从而放弃。

　　　　　　　1、2 合计

　　　　　　　自尊心

2. 与朋友和兄弟姐妹比较时容易丧失自信心，固执地认为自己一事无成。

　　　　　　　分

3. 在学校生活或体育运动中表现不佳而情绪低落，长时间闷闷不乐。

　　　　　　　3、4 合计

　　　　　　　情绪调节能力

4. 无端焦虑，被朋友嘲笑便会立刻翻脸，争吵一触即发。

　　　　　　　分

5. 从事某些兴趣爱好或者体育活动时，如果无法像预想中那样顺利进行，就会失去干劲，从而放弃。

　　　　　　　5、6 合计

　　　　　　　自我效能感

6. 一旦遇到难题或者麻烦的事情，就会中途放弃。

　　　　　　　分

7. 失败一次后，就总是担心下次也不会顺利。

　　　　　　　7、8 合计

　　　　　　　乐观性

8. 一旦出现问题，就会情绪低落，认为都是自己不好。

　　　　　　　分

9. 在小圈子里跟朋友相处不融洽时，苦恼不堪。

　　　　　　　9、10 合计

　　　　　　　社交技能

10. 心里不安时会独自一人承受，不向任何人倾诉。

　　　　　　　分

找到父母自身的强化要点

此外，身为父母的我们了解自身的抗压力水平也是非常重要的。对自己都不了解，就不要说教其子女如何做了。

咨询师在入行之前，会接受几十个小时的心理咨询从而加深自我认识，在了解自身偏见和局限性之后才能开始工作，这么做是为了不让诊断受到自身立场的局限。

因此，我们准备了帮助父母寻找自身抗压力的强化要点的测试。这个测试大致与发现孩子强化要点的问卷相同，不同的是放在了职场环境下。请你通过这个测试确定需要强化自身的哪一个要点，从而提高自己的抗压力。

你可能会得出和孩子相同的倾向。如果真是这样，一般情况是因为孩子模仿了父母的说话口吻和行为。父母通过改变自己的想法和行为，能够对孩子提高抗压力产生积极的影响。

3分钟父母练习

❷ 发现自身的抗压力强化要点

目的　在抗压力的五个内因中，考虑应该将重点放在哪一项上。

回顾最近1个月自己的状态，请在最合适的选项上打"√"。
　　①完全不符合　　　　②基本不符合
　　③一定程度符合　　　④非常符合

1.	工作中面对挑战时，消极地认为自己完全无法胜任，从而放弃。	①②③④
2.	自己和同事、同期入职者比较时，往往会失去信心，固执地认为自己能力不如别人。	①②③④
3.	在工作和人际关系上遭受挫折时，便会心情低落，久久不能恢复。	①②③④
4.	因为忙碌和压力而无端焦虑，有时候与同事和家人关系紧张。	①②③④
5.	工作、考证或人际交往不顺利时，失去干劲而放弃。	①②③④
6.	一旦遇到难题和麻烦事，便会中途放弃。	①②③④
7.	在工作等方面失败一次，就总是担心下次也不会顺利。	①②③④
8.	一旦遇到问题，就会因为自怨自艾而身心疲惫。	①②③④
9.	在公司里对派系和集团关系处理不顺，会因为人际关系问题而苦恼。	①②③④
10.	具有很强的责任感，对未来的不安往往一个人独自承受，不与任何人商谈。	①②③④

<计分方法>将圆圈内数字相加，下面5项中合计分数最高的即为强化要点。

自尊心	情绪调节能力	乐观性	自我效能感	社交技能
（1、2合计）	（3、4合计）	（5、6合计）	（7、8合计）	（9、10合计）
分	分	分	分	分

描绘抗压力

为了加深你对抗压力的印象，我将介绍一个叫作"谁有抗压力"的3分钟亲子练习（第21页）。

让孩子列举出能快速从失败中恢复的人、不折不挠坚持到最后的人和面对困难时内心不气馁的人，这一行动的目的是让一个抗压力强的人物形象丰满起来。而且孩子一旦形成了"我想变成这样"的具体意象，就能早点向他们的目标靠拢。

首先，请从对孩子来说比较亲密的同班同学开始问起。其次，可以问问孩子他们最喜欢的动画或漫画人物中有哪些能坚持到最后的类型。此外，可以问问男孩体育选手中、问问女孩电视中经常出现的歌手等名人中哪些是内心强大而从不认输的。这些提问可以帮助孩子拓展想象力。

喜欢综艺节目的孩子可能会提到一些习惯了受人嘲笑，从来不以为意的谐星。

而有时候，抗压力的意象并非与人，而是与植物有着直接关联，比如夏天酷热的天气里看上去即将枯萎，但是浇点水就马上重新焕发生机的花等。

在家人中，有的孩子认为父亲是抗压力强的代表，请千万不要否认这一点，因为孩子的想法也许是正确的。

请按照实际情况试着完成下面的练习。

要点

　与孩子共同分析抗压力强的人的形象，有助于培养抗压儿童。

3分钟亲子练习

❸ 谁有抗压力

目的　列举出具有抗压力的人，让他们的形象丰满起来吧。

❶ 同学里谁从打击中恢复得快？

❷ 在动漫中，有哪些角色一直坚持到最后都不放弃？

❸ 名人（运动员、艺人、谐星等）中有哪些内心坚强、不怕挫折的典范？

❹ 家人中抗压力最强的是谁？

第一章

增强自尊心

受教育工作者关注的自尊心概念

- 在面对某些挑战时，消极地认为自己根本做不到并放弃。
- 与朋友和兄弟姐妹比较时信心不足，总是认为自己不行。
- 被问到有什么长处，总是回答"没有"。

如果你的孩子出现了上述情况，那么就意味着自尊心的调整将成为提高孩子抗压力的重点内容。请参考本章最后的亲子练习。

自尊心也被称为"自我肯定感"。顾名思义，意味着尽管遭遇了失败或是过程不顺利，我们能够保持不过度否定自我而依然认可自己价值的心理状态。自尊心是个受到教育工作者广泛关注的概念，这种情况是出于对近来孩子们自尊心不断降低的担忧。

我之所以关注自尊心这个问题，是因为有三个问题亟待解决。

第一个问题是，与过去相比，越来越多的孩子不擅长与朋友和师长交流以及经营人际关系。有些学者指出，这也是导致学校内欺凌事件发生和出现厌学症的重要原因。

这些苦于与人交往的孩子往往倾向于认为自己没有什么价值，有时候感到自己毫无用处。这是过低的自我评价造成的，进而降低了自尊心。

要点

自尊心是提高抗压力不可或缺的因素。不善于与朋友交往的孩子往往自我评价很低，有时候自尊心不足，家长们也需要重视这一点。

第一不易，唯一不安

第二个问题是，日本的孩子与其他国家的孩子相比较而言，尤其缺乏自尊心。这是个十分具有冲击力的事实。

　　在一项调查中，工作人员请经济增长指标 GDP（国内生产总值）位居世界前三位的美国、中国和日本的高中生就三个与自尊心相关的表述发表观点。这三个表述如下：我认为我是个有价值的人；我对自己十分满意；我能从各方面肯定自己。调查结果显示，日本的高中生的自尊心水平与同龄的美国和中国学生相比明显很弱。在这个调查之前针对初中年龄段对象总结的对比数据也显示了相同的倾向。

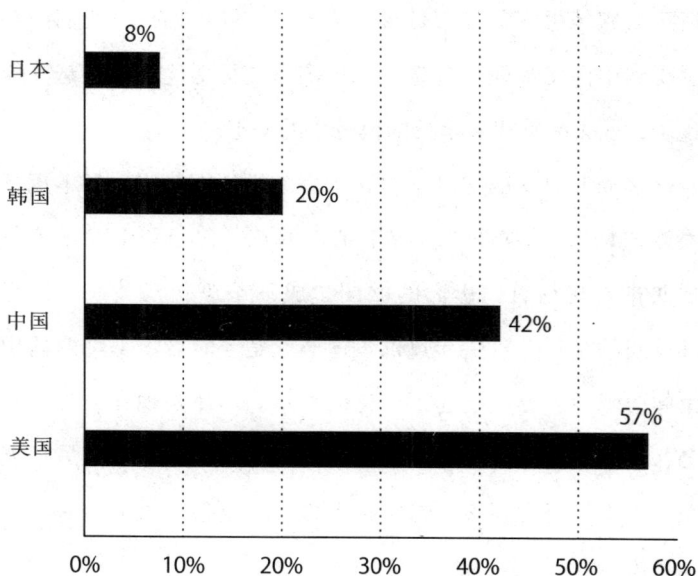

"我认为我是一个有价值的人。"
自尊心的国别差异

在育儿方面，父母的期待值或许有很大的差距。例如，欧美父母非常强烈地主张将孩子培养成独一无二的精英人才。他们尊重个性，希望把孩子培养成特别的个体，即使和其他孩子不同也不在意。而且在欧美盛行这样的文化：充分发挥自我才能和智慧而成为独一无二存在的成年人会受到社会的尊重。

而在中国，热衷于教育的父母则强烈期望将自己的孩子培养成名列前茅的优等生，无论是在学习还是在体育运动等特定的领域里，父母总是教育孩子努力取得第一。我们能够感受到中国父母强烈希望自己的孩子变得更优秀，超越其他孩子，成为能够代表学校的模范生的心态。

然而，日本的父母又对孩子有怎样的期待呢？日本流行团体 SMAP[①] 的歌曲《世界上唯一的花》曾经登上日本流行歌曲排行榜榜首，里面的歌词"成不了第一没关系，只想做世间的唯一"曾引起热议。这毕竟是当时处于巅峰的偶像团体演唱的歌曲，引起了广泛的共鸣。即使是现在的日本社会，希望自己孩子在班级里拔尖的父母也是少数，而另一方面，也不能说有很多父母重视个性、希望孩子成为独一无二的个体。

在孩子幼小的时候，父母希望培养孩子的才能，使其发

———————————————
① 日本国民偶像团体，于 1988 年组成。——译者注

挥独特性。而到了中考和高考之时，又总是希望自己的孩子不会成为其他孩子的手下败将。等到了找工作的时候，又期待孩子们能够进入广告铺天盖地的大企业或者谋求公务员这样的稳定职业。

与其勉为其难争得第一，或者孤立无援地成为独一无二的存在，心疼孩子的父母依然希望他们过普通人的生活。

自尊心过弱的危害

然而，在进行国际合作交流时，自尊心不足会成为一个障碍。

孩子在踏入社会之时，全球化正在不断升级。这不仅意味着在国外工作的机会增加，在国内与外国人一起工作的场合也会增多。自尊心缺失造成的麻烦在于，当事人无法很好地表达出自己的意见。

事实上，一旦去到国外，有很多东方人都无法顺畅表达自己的看法，我自己也是如此。我有很长一段时间在跨国公司工作，尽管我明白积极发言、表达自己的意见是会受到好评的，然而在会议现场，很多时候还是无法顺利开口，表达见解。

西方人很习惯抢在别人发言结束时立刻发表意见，我认为这样太过强势，会给人以自我为中心的印象，在东方社会里会被看作没有礼貌。但是，积极主张自己意见的沟通风格在全球化的情况下却是十分需要的。这是东西方之间的一种很大的文化差异。

`要点`

未来与强势的外国同事一起工作的时候，自尊心不足会导致孩子难以表达自己的见解。

培养适度的自尊心

社会广泛关注青少年自尊心问题的三个原因中，有一个是心理健康问题，即抑郁症的年轻化。在心理学研究中，自尊心不足与抑郁症有很大关系。

抑郁症对成年人来说也是个严峻的社会问题。其导火索常常是职场上的心理问题，因为精神类疾病而申请工伤的人呈直线上升趋势。

抑郁症是自杀的主要原因。曾获得美国奥斯卡金像奖的罗宾·威廉姆斯被长期的抑郁症所折磨而自杀，作为铁杆粉丝的我也受到了很大的打击。

　　小时候，男孩更容易存在心理问题。但是青春期之后，女孩会比男孩容易患上抑郁症。成年之后，女性的患病率还是比男性高。而且有研究表明，青春期以后有过抑郁症发病的经历，成年后复发的风险更高。从这项结果上说，青春期前后的小学和中学时期，让孩子正确评价自己、磨炼坚强的内心是教育中很重要的一环。

　　美国也是一样，也存在抑郁症年轻化的问题。为了解决这个问题，从20世纪80年代开始到90年代期间，在美国兴起了一股"自尊主义运动"，人们号召学校和家庭提高孩子的自尊心。最典型的做法是在没有竞争并无须在意失败的环境中，让孩子们体会"只要去做就能做到"的成就感。让孩子从老师和父母那里得到"你们都是特别的存在"的认可，经常听到提高自我肯定感的话语和鼓励，对孩子健康发展而言至关重要。在家庭中，"通过表扬促进孩子成长"的技巧流行一时，相关书籍成为畅销书，很多父母非常关注怎样让自己的孩子感到心情舒畅，怎样让他们喜欢上自己。

　　另一方面，也有人表示自尊心过强也可能带来消极影响，这一呼声为过热的"自尊主义运动"敲响了警钟。罗伊·鲍迈斯特（Roy Baumeister）是美国著名的心理学家，他在自尊主义运动中发挥着主导作用。然而，他在对比了自己与他人的研究结果后，在论文中表示："'较强的自尊心会令青少年的不良行为减少、成绩提高'这个被广泛接受的假说，并不一定是正确的。"

学业和体育活动中的成绩或许可以提高孩子的自尊心，但是不能说自尊心强，孩子的表现就好。目前也并没有证据表明较强的自尊与吸烟、吸毒等不良行为的减少有直接关联。

为了孩子能健康和幸福地成长，自尊心是很重要的。不过美国心理学界目前的主张是，自尊心的提高并不是万灵药。

重要的是培养均衡、稳定、不过强或过弱的自尊心。

要点

自尊心不足有可能导致抑郁，但自尊心过强也不是理想状态。培养适度的自尊心是教育的关键。

三个优点与两个要素

孩子能感受到自尊心的三个优点。

- **带来幸福感**
- **提高面对压力和逆境时的缓冲能力**
- **预防抑郁**

上述优点有可靠的元分析方法得到的确切证据证明。对自尊心的研究表明，除上述三点以外，适度的自尊心还有其他各种各样的积极影响。

我们通常认为自尊心有两个要素。

第一个要素是**对自己能力的肯定**，即感到自己有长处和值得骄傲之处。特别是在面对逆境的时候，如果不认为自己有渡过难关的能力，就会被眼前的困难所吓倒而放弃。

例如，刚刚踏入社会的新人经常会有如下烦恼。

- **被分配了新的工作，担心失败，总是想找借口放弃。**
- **出现了错误也不向公司汇报。**
- **对不喜欢的工作一拖再拖。**
- **无法给新客户打推广电话。**

　　这种现象不仅出现在入职初期，在之后有时也会持续。这种消极逃避的态度容易给经验丰富的前辈留下这样的印象："所以这些从小被惯坏了的年轻人是靠不住的。"

　　但是，年轻职员们不一定真是如此。从小学开始，在升学考试竞争的洗礼下，很多年轻人度过了非常艰苦的学习生涯。在那些时期，他们的表现经常会被拿来与同学做比较，即使得了 80 分，父母也会埋怨他们为什么没有考满分。在这样的环境下长大的孩子或许很长时间都处于自我评价较低、自尊心不足的状况之下。

　　在将孩子与同龄人做比较时，鼓励说"你也要加油，不要输给他"的做法也许能给自尊心强的孩子增加动力，但对自尊心本来就弱的孩子，只会徒增其自卑感。

　　关注成绩与期望值的差距并进行填补的指导方法，或许对提高公司业绩非常有效，但是对提高孩子的自尊心而言则有着反效果。

两个要素的不均衡会导致心理脆弱

　　构成自尊心的第二个要素是**对自己价值的肯定**。这意味着不仅要真正感受到自己的优点，而且要在与他人的交往中认识到"我的价值不比别人低"。

这种认识也是因场合而变的。在学校、运动团队、补习班和兴趣班里，这种认识是自己被认可、被周遭所接受的一种真实感受。只要有这种感觉，就能在学校和家庭中享受幸福的生活。

如果自我评价过低，就会在日常生活中很多地方感到捉襟见肘，这种感觉被称为"人生不适感"。就算在成年后，不适感强烈的人还是不清楚自己的生活方式到底正不正确，会抱有强烈的不安。

不适感会导致不安感，不安感会产生自卑感，对自身能力的怀疑便会油然而生，自尊心会整体下滑，进而陷入这样的恶性循环之中。此外，不断重复的失败和挫折会加重不适感，因此有时候会让人觉得自己没用而放弃，并将自己封闭起来。从这种螺旋式的消极下滑中脱身是极其困难的。

不过，过度强调自我价值也是有风险的。对自我价值的肯定需要证明自己的能力，欠缺能力证明的自我价值一旦遭遇逆境，极有可能变得孱弱易碎。

在面对失败和强大压力之时，我们可能会变得心理脆弱。因此，我们急需全面提高对自己的能力与价值的肯定。

要点

　　自尊心是由对自己的能力和价值的肯定构成的，均衡地提高
这两个要素才能提升自尊心。

促进自尊心提升的表扬教育

　　那么如何做才能促进孩子的自尊心提升呢？一种受到公
认具有代表性的做法就是表扬教育。

　　表扬可以说是一种语言上的奖励。以日本小学高年级学
生为对象的研究表明，从父母那里接受了更多的表扬而很少
听到消极评价的孩子的自尊心更强。

　　在学校里被老师表扬的经历对孩子来说也非常重要。以
小学高年级学生为对象的另一个研究指出，在课堂、运动
会、演讲、值日等学校生活中，从老师处获得表扬经历多的
学生不仅自尊心强，学习热情也高。他们备考努力，上课精
力集中，也具有挑战新事物的动力。

　　由此可见，孩子的自尊心与被表扬的体验有很大关系。
不过，孩子的自尊心能依靠自己的努力而增强的范围十分有
限，很大一部分是在人际交往的过程中培养的，同时也需要

家人等来自外界的帮助。

总之，父母的作用依然非常重要。

然而，很多父母虽然明白表扬的重要性，却还是常常无法将其付诸行动，我也是其中之一。有时候，责骂比称赞多，积极与消极评价的比例完全失调。我认为父母无法表扬孩子的原因有三种。

第一种是父母可用于表扬的词汇量不足，不知道如何表达好。他们想表扬孩子，却无法用合适的语言表达。这种类型的父母或许也不太擅长承认配偶的优点并表达赞美。特别是对从小就生活在不常被称赞的环境中的人来说，因为自己并没有从父母那里学到多少表扬的方法，所以也很难对自己的子女表达。

第二种原因是父母没有持之以恒的表扬动力。例如，有些父母即使在孩子小时候经常表扬他们，但是随着孩子进入初中，表扬的频率会减少。

孩子进入青春期后，就会对受到表扬一事感到非常难为情。即使被父母称赞，高兴之情也不会溢于言表。或许有的父母看到孩子对赞美毫无反应，便会感到表扬无效，有时候会放弃表扬或鼓励孩子。但恰恰在自尊心走下坡路的中学时期，孩子们才更需要得到父母的认可。

另一方面，父母如果认为孩子对表扬无动于衷就失去了表扬的动力，似乎是因为期待孩子的回应才去表扬他们的。我们之所以表扬孩子，并非为了让他们开心，也不是为了获得他们的回应而自己心情愉快，而是为了培养孩子的自尊心。要说有回应，那也是孩子离开父母独立之后的事情了。看到自己的孩子变成优秀的人，是作为父母能获得的最有意义的无形褒奖。

父母不擅长赞美的第三种原因是"赞美并不是一件好事"的想法在父母的内心根深蒂固。

这种想法认为，表扬孩子是溺爱的体现，会让孩子变得容易放弃、不求上进。这反映了老一辈人的价值观，他们认为在教育孩子时，赞美和拥抱是不好的。有不少母亲会和自己的父母或公婆因为这一点起争执。但是，我们只知道表扬可以增强孩子的自尊心，并没有证据表明适度表扬具有消极影响。而且，对于获得表扬远远少于欧美同龄人的亚洲孩子来说，近在咫尺的是缺乏表扬导致的损失，而非过度赞美的弊病。

要点

表扬能够增强孩子的自尊心。父母如果出于某些障碍无法表扬孩子，需要仔细排除自身的原因。

对过程与行动的表扬

我回顾了自己教育孩子的经历，并进行了一番反省，结果发现随着孩子的成长，我的表扬在减少，而且我的表扬方式都**聚焦于结果**。

孩子年幼之时，只是能开口跟我们说再见了，我们都会激动不已地夸奖他："你真棒！"仅仅是写了第一个字，都会无比开心地惊呼："咱家的孩子可能是个天才！"

如果孩子自己完成了什么事、达成了什么愿望或超越了什么目标，每次我们都会赞赏说："这是努力的结果啊！真了不起。"父母与孩子学会了共享成就感。

孩子在幼年时期，第一次自己独立完成某件事的成功体验比较多，容易受到父母的表扬，而且在此时的父母眼里，孩子的一切行为都是那么完美，因此父母也容易倾注感情。然而随着孩子的不断进步，父母总是变得更容易关注结果。

我自己也是如此，在孩子升入小学高年级之后，便会更关注"在考试中得到高分""在体育比赛中获胜"这类结果至上的成绩。特别是我曾在崇尚实力、重视结果的公司工作过，便会将职场中的人才评价基准原封不动地搬到家庭教育中。

一旦踏入社会，我们都面对着结果至上这唯一的评判标准。因此，那时的我认为必须从孩子小时候就向他们灌输结果至上的观念。我曾训斥孩子说："为什么没有达到这个目标？找出三个理由来。"

在父母这种结果至上的态度下，孩子会感到如果无法获得成功，自己就不能获得表扬，与此同时也会产生一种心理上的防御反应："如果结果不理想，我可能会受到批评。"有时便会隐瞒事实或撒谎。他们还会认为如果不能成功，自己就没有价值，从而使自尊心减弱。

我所学到的是：尽管社会上存在结果至上的评价基准，然而在孩子踏入社会之前，父母还是要认可孩子努力的过程和行为，多口头表扬孩子。我认为，如果孩子很努力，那么多表扬则正合适。自信满满地踏入社会，即便是遭遇会对自尊心造成打击的逆境，也有重生的能力。

要点

不要只重视结果，也要表扬孩子努力的过程和行为，这是增强孩子自尊心的秘诀。

找到孩子的性格优势

关于培养孩子的自尊心，我推荐两个亲子练习。

第一个是发挥自身长处的练习，旨在提高活用性格优势的能力。

我建议我们不仅要在孩子学习中使用它，还要在孩子帮忙做家务或参与家庭集体活动时使用。这种练习可以帮孩子正确看待自己的能力，从而提升自尊心。

这里所说的"性格优势"的定义为"在需要进行表现或者受到他人质疑的时候，能够保有自己个性或体现活力的积极的性格特征"。例如，课堂上，老师有时会带同学做一个"确定自己优点"的练习，这些优点可能包括"考虑周到细致""能迅速和人打成一片"和"严格遵守规则"等。

如果孩子的特征完全符合某些描述，那么就可以将其看作孩子的优点，进而通过充分发挥这些优点，感受到自我的个性，激发动力。那么，这个孩子就被认为是具备了"带有特色的性格优势"。

不过有些孩子是因为老师或父母的要求才与人亲近、发挥社交性或非常自律地遵守规则的。这些或许可以被看作优点，但是因为孩子并没有感觉到来自内心的动力，因此不能将这些特征称作性格优势。这就是优点与性格优势的区别。

　　我在面向社会的讲座和企业的培训中，会安排帮助成年人发现自我性格优势的练习。这是我最喜欢的练习之一。究其原因，是学员们在找到自己的性格优势时看上去都非常开心，并会兴高采烈地向我讲述过去自己是如何利用自己的性格优势的。这种热情洋溢的讨论让我们感到会场的能量骤增。

　　孩子们也是一模一样的。找到自己的性格优势时，孩子的内心会产生纯粹的喜悦，并会感到非常幸福。我认为帮助孩子找到具有自己特色的性格优势是父母的责任之一，因为父母最清楚自己孩子什么时候最为光彩夺目。

　　在做这个练习之前，希望父母提前了解以下事项。

- **所有的孩子都有性格优势。**
- **取得好成绩的秘诀是发挥性格优势。**
- **即使是小事，通过发挥性格优势，也能得到差别很大的结果。**

　　我们往往会不由自主地将注意力集中到弱点和缺点上。孩子也是如此，对他人和对自己总是用"减法"，总是会在意不足之处。但是，如果了解上面所列的性格优势相关的三个科学事实，想法和看待问题的视角都会有所改变。

我们所有人都具备性格优势。在工作和学习中能够获得成绩的人，都是擅长活用性格优势的人。而且，性格优势不分场合，在哪里都能有效发挥，所以首先，我们可以从小事开始利用自己的性格优势，之后自然会有不一样的结果。

一开始，哪怕我们像婴儿蹒跚学步般一点点起步，在不断积累后也会变成一大步。

要点

所有孩子都有自己的性格优势。父母要帮助他们找到这些性格优势，并且寻求发挥的方法。

找到和发挥性格优势的步骤①

这个练习分为三步。第一步是对孩子的性格优势进行分类。

如果仅仅是让孩子自己总结自己的性格优势，有时是无法得到理想答案的。这并非因为孩子没有性格优势，只是孩子不知道该用什么词描述自己的性格优势。

因此，我们设计了几个有效果的提问。这个同样适用于成年人的练习，对孩子是十分有效的。

①最近有哪些让你激动不已、按捺不住内心喜悦的时候？

②请讲述你的一次成功体验。

③你最喜欢自己的什么地方？

在这些问题答案的基础上，从 53 页的"VIA——24 种积极人格"一览表中选择排在前三位的性格优势。这张表上列举了由积极心理学家分类的全世界共通的性格优势。发挥从这张表中发现的性格优势的时候，孩子能够做回自己，会变得比平时更健康、更有活力。这些就是属于孩子自身的性格优势。

关注孩子的声调、语速和表情

让孩子讲讲令他们激动不已、非常开心的回忆，在学校和兴趣班里的成功经历以及他们喜欢做的一些事，并倾听他们的回答。

当然，孩子不一定能立刻想起每件事，父母可以提供一些引导，帮助他们讲述自己的故事。在孩子讲述自身经历的过程中，必定隐藏着孩子独特性格优势的线索。

也请多多注意孩子的表情。讲述自己发挥性格优势故事的孩子，有时候会目光闪亮，声调格外高昂，语速稍微加快，情绪稍稍处于亢奋的状态。这些变化是我们探寻孩子性格优势的线索。

例如，我的儿子在 10 岁接受这个练习时，便有了下面的叙述。

　　我最近感到最开心的事莫过于和家人一起去澳大利亚旅行时的经历。特别是最后一天，我们去了一个小岛，在那里租了自行车，一家人像探险般一起在小岛上环游骑行，特别愉快。大家在中途就感到疲惫不堪，只有我一个人骑完了全程。

听到这个回答，我和妻子都非常吃惊。因为实际上，骑车环游是不得已而为之的，是为了打发时间。

在那次澳大利亚之旅中，有一个突发事件让我们不得不取消预订好的回国航班 —— 我们一家四口的护照放在酒店的保险柜里忘记拿了。

更加失败的是，在我注意到这个问题的时候，我们已经在机场办理值机了。如果想回酒店取，单程也要花 4 个小时。

无奈之下，我们只能改签航班。然而由于暑期是旺季，只能买到 3 天之后的航班，当然，特价机票早就买不到了。不仅多花了预想之外的费用，我个人也陷入了相当失落的情绪中。

另一方面，孩子们却因为得知快乐的假期延长而欣喜不已。在等待下一个航班的 3 天里，不能什么都不做，所以我们就来到澳大利亚西海岸城市珀斯近郊的一个叫作弗里曼特尔的海边小城，还去了附近的小岛游玩。大海如水晶般无比透明，十分美丽，我们享受着租借自行车绕岛一周带来的欢乐，那个时候的经历对儿子来说却变成了夏天最美的回忆。

因此，如果不试着和孩子聊一下的话，是无法了解孩子的感受的。

从 24 种性格优势中找到前三位

言归正传，通过询问回忆的话题，我找到了儿子的前三位性格优势。

好奇心：对迄今发生的事情本身都抱有浓厚的兴趣。

忍耐力：只要开始做，就能坚持到最后。

人情味：很看重与人的亲密关系，并能设身处地为他人着想。

　　首先是第一个性格优势，好奇心。我的儿子对于第一次
骑共享自行车环岛的活动有极大的好奇心，事实上也表现得
非常积极。这段经历看上去是那次澳大利亚之旅中最愉快的
一段。

　　第二个是忍耐力。我的儿子一旦下决心做某件事，就会
坚持做到最后。特别是对自己喜欢做的事情，会展现不服输
的超强忍耐力。环岛旅行时，他也是按照自己设定好的目标
在不停地骑着。

　　第三个是人情味。在聊到与家人一起做的某件事的时
候，儿子总是非常积极。这能让我们感受到他对家庭的爱
之深。

　　这样一来，在询问上面三个问题时，我们或许能够从孩
子那里听到让我们感到十分意外的故事。我们可以根据故事
的内容，对照 24 种性格优势，从中选出前三位。这就是练习
的第一步。

要点 ──────────────────────────────

　　为了找到孩子的性格优势，我们要倾听孩子讲述令他们感到
激动不已的事件、成功的经历和他们身上自己喜欢的地方。从
他们眼中闪现着光辉讲述的内容中，我们可以找到孩子性格优
势的线索。

────────────────────────────────

找到和发挥性格优势的步骤②

第二步是考虑如何在日常生活中灵活运用与孩子一起找到的前三位性格优势，这是因为仅仅找到性格优势还是远远不够的。

能够发掘出自己的性格优势，这本身就是一种非常愉快的经历，就像找到了藏在自己体内的宝物一般。而研究表明，在找到自己的性格优势后能发挥其作用的人，比仅仅找到性格优势就作罢的人幸福感更持久，患抑郁症的概率也会大大降低。其效果因人而异，最久可持续长达 6 个月。另一项研究结果告诉我们，能够多次发挥性格优势的人更容易保持不感到疲劳和有压力、精力充沛、正能量丰富、自尊心强的状态。发挥性格优势的力量就是这么强大。

因此我们建议你在孩子帮忙做家务和家庭集体活动时，找机会帮助他们充分发挥性格优势。性格优势的发挥不是一两次就足够的，而是一个持续的过程。

此外，性格优势对成功有很强的促进作用，因此只要能发挥孩子的性格优势，就会让活动进行得更加顺利。对孩子来说，这是一种愉快的经历，他会越来越喜欢帮父母做家务，可谓一石二鸟。

请务必参考 51 页的练习，认真思考安排孩子做什么样的家务最好。

例如，根据我儿子身上好奇心、忍耐力和人情味三个性格优势，我选择让他做的家务是烹饪。仅仅是考虑要做什么菜、该使用什么食材就能激发起他的好奇心。另外，因为直到端菜上桌前都要不懈地做准备和实际操作，他的忍耐力也能得到充分发挥。而把自己做的饭菜端给家人时，对家人的爱会表露无遗。

有时候，我儿子会帮妈妈做咖喱饭，从握刀的手法到土豆和洋葱的切法，他都十分感兴趣。在把自己和妈妈一起做的咖喱饭端给我和妹妹，被我们称赞好吃的时候，儿子看上去十分幸福。

现在，他未来的梦想又增加了一个——成为一名大厨。

要点

仅仅找到性格优势是不够的，和孩子一起想想发挥性格优势的方法吧。推荐在日常家务等活动中持续发挥性格优势。

找到和发挥性格优势的步骤③

在第三步中，一定要做的就是表扬孩子在帮忙做家务的过程中发挥的性格优势，这在练习中被称作"对性格优势的反馈"。

赞美是对孩子发挥了自己独特性格优势的肯定，而如果赞美者是孩子最爱的父母的话，这些话语的能量就更充沛，效果也更持久。另外，对性格优势的反馈往往比普通的表扬更简单。

例如，我的儿子在帮忙做饭的时候，我的妻子一旦注意到什么，就会立刻加以赞许，如"对做饭感兴趣真好啊""你能坚持到最后，真有耐心"。我也会表扬给我端出饭菜的儿子"真是个懂事的孩子"。只是这些小技巧就能强化孩子对性格优势的印象，使其深深印在孩子的脑海中。

即使是现在，我的儿子也会利用周末的一些时间和暑假帮着做饭。在回老家探亲的时候，他和爷爷、叔叔一起享受了做章鱼烧的乐趣，在吃午饭的时候高兴地分发给大家。

借做家务的机会强化孩子的性格优势，就能使其持续发挥，让孩子获得提升自尊心的机会。请一定试着做一做。

要点

注意观察孩子发挥性格优势时的状态，不要吝啬对他们性格优势的反馈。这样会让他们鼓起更多勇气，也会让他们拥有想去发挥性格优势的动力。

3分钟亲子练习

❹ 发挥性格优势吧！

目的 思考能让孩子发挥性格优势的方法。

---

❶ 孩子的性格优势排序

< 通过三个问题找到性格优势 >
· 最近有哪些让你激动不已、按捺不住内心喜悦的时候？
· 请讲述你的一次成功体验。
· 你最喜欢自己的什么地方？

第一个性格优势：

第二个性格优势：

第三个性格优势：

❷ 帮忙做家务时发挥性格优势

❸ 对性格优势的反馈

VIA[①]——24种积极人格

智慧篇：知识获取和运用上的性格优势

☐ **创造力**　在做事的时候，会考虑运用新颖、富有成效的方式。本条不仅限于艺术方面的工作。

☐ **好奇心**　对现在发生的一切充满兴趣，喜欢发挥自己的探求欲去发现新的事物。

☐ **好学性**　喜欢掌握新的技能、课题和知识。即使是对已经了解的事物，也愿意更加系统地加深理解。

☐ **灵活性**　能从各个角度考虑事物，探讨问题。绝不轻易下结论。能够根据实际情况改变自己的判断。

☐ **大局观**　能为他人提供明智的建议，拥有对自己和他人都有意义的世界观。

勇气篇：即使遭到反对，依然能够顺利完成任务的情感优势

☐ **勇敢**　在威胁、挑战、困难或痛苦面前不畏缩，在面对反对意见时依然能够为正义辩护，即使得不到支持依然能够坚持自己的信念。

☐ **毅力**　做事有始有终，面对困难时坚持不懈，并以乐观积极的心态完成任务。

☐ **正直**　说话诚恳，对自己坦诚，从不吹嘘和炫耀，能够对自己的情感和行为负责。

☐ **热情**　以一种充满活力、激情四射的心态感悟生活，不会半途而废，不会敷衍了事，对生活具有一定的冒险精神，有活力和行动力。

人性篇：能够关照他人、与人友好交往的人际关系优势

☐ **关怀**　平易近人，与人为善，助人为乐，关照他人。

☐ **友爱**　和他人保持亲密友好的关系，特别是乐于分享并具有同情心的人，非常容易与人发展出友好关系。

☐ **社交能力**　能有效地意识到他人的动机和情感，明白在不同的社交场合如何行事，知道如何让他人帮助自己。

---

① 由积极心理学家克里斯托弗·彼得森（Christopher Peterson）和马丁·塞利格曼（Martin Seligman）共同开发的积极行为分类评价系统。

正义篇：营造健康社区生活的社会性优势

- ☐ **团队合作** 作为集团和团队的一员，能够很好地与大家协作，并忠于团队、乐于分享。
- ☐ **公平公正** 恪守公平正义的原则，对所有人能够做到一视同仁，不因个人情感而有所偏倚。给每个人公平的机会。
- ☐ **领袖气质** 鼓励自己的团队成员完成任务，与团队成员关系良好，组织团队活动并能一直坚持到成功。

节制篇：防止过度行为的自律优势

- ☐ **宽恕** 原谅他人的错误，接受他人的不足并给予第二次机会。绝不会产生报复心理。
- ☐ **谦逊** 不炫耀自己的成绩，保持谦虚的态度，不认为自己高人一等。
- ☐ **谨慎** 对自己的决定谨慎小心，不做过度的冒险行为，不说或不做以后很可能会后悔的事情。
- ☐ **自控** 能够控制自己的情绪和行为，行为有规律，会控制自己的食欲。

自我超越篇：带来重大意义的优势

- ☐ **审美** 发现从自然到数学、艺术、科学、日常生活中所有领域的美丽、卓越和才华，并承认其价值。
- ☐ **感恩** 关注自己和周遭发生的美好事物并抱有感恩之心，并时常表达出这种谢意。
- ☐ **希望** 描绘美好蓝图并努力实现，坚信美好愿景一定会实现。
- ☐ **幽默/玩心** 喜欢笑话和恶作剧，时常带给他人欢乐，会构想玩笑（不一定说出来），能够看到事物积极的一面。
- ☐ **信仰** 对生活的意义和更高的目标拥有坚定一致的信念，并能将这种信仰付诸实践。

引用来源：Peterson, C.,& Seligman, M. E. P. (2004). Character strengths and virtues: A handbook and classification. New York: Oxford University Press and Washington, DC: American Psychological Association. www.viacharacter.org

<51～52页回答示例>

❶ **第一性格优势：**好奇心
　　第二性格优势：忍耐力
　　第三性格优势：人情味

❷ 周末做饭打下手

❸ "对做饭感兴趣真好啊！"
　　"你能坚持到最后，真有耐心。"
　　"真是个懂事的孩子。"

提升自尊心的安抚

提升自尊心的第二项练习是积极安抚的习惯化。对心理学感兴趣的读者或许会知道"安抚"（stroke）这个术语，这是沟通分析理论（transactional analysis）提出的沟通方式。

作为沟通心理学的一类，美国著名的精神分析医生艾瑞克·伯恩（Eric Berne）建立的沟通分析理论有着很高的知名度。在日本国内，不仅有临床心理学家、心理咨询师、教育学家、医疗看护领域的从业者，就连企业的人事和人才培养等非常关注人际交往的领域内的专家也都在对其进行学习和应用。

了解自己是了解他人的前提，自主决定自己的未来或希望从事的工作是十分重要的，摘下面具的真实交流也能让亲密的人际关系成为可能。沟通分析的目的在于通过培养以上三种能力，改善人际关系，营造心灵相通的家庭、职场和社会环境。

这其中被认为最重要的沟通方式便是安抚。我们可以将其定义为"表达对对方存在的认可的所有行为"，它的内容包罗万象。

各种安抚

	非语言（身体）的	语言的
视觉	微笑、致意 点头 对视 环视、注视	
听觉	拍手	寒暄 打招呼 鼓励、赞许 感谢
触觉	握手、拥抱、轻拍、 紧抱、牵手	
味觉	饭菜的滋味	
嗅觉	饭菜的香气 茶或鲜花的香气	

安抚是指表达对对方存在的认可的所有行为。

家庭中的积极安抚

在工作和生活中，我们会接受各种各样的安抚，同时也会给予周围的人安抚。只要稍稍意识到这一点，我们交流和沟通的品质就会大大改观。特别是在亲子之间的沟通上，安抚是一种非常有效的手段。

安抚研究中最让人兴味盎然的地方是，它可以被系统化地分为积极与消极的、有条件和无条件的。让我们将其放在儿童教育的语境下研究一番吧。

所谓的积极安抚是孩子接受后会感觉心情舒畅的举动和行为。例如，孩子早上起床后，对他／她微笑着说声"早上好"；孩子从学校回来的时候，微笑地迎上去说声"回来啦"。

而另一方面，消极安抚包括"快点干啊"这样一味命令性的语言和殴打等付诸身体（即非语言）的行为。

至关重要的一点是，安抚是积极还是消极的，不是给予方决定的，而取决于接受方。

如果是在亲子关系中，孩子在感到身心愉快的情况下，可以将某些行为判定为积极安抚；但如果父母本想传达积极含义，孩子却感到不适，这种情况则是消极安抚。譬如，轻抚孩子的头表达赞许的行为本身是积极的，但是孩子感到难

积极安抚

接受后感到心情舒畅
·微笑，寒暄
·祝福对方

早上好（微笑）

早上好

消极安抚

接受后感到心情不快
·怒目而视
·单方面下命令

要不要帮忙

要这么做

无条件的安抚

给予存在本身的安抚
·对方回家时说"欢迎回来"
·感谢时说"有你在真好"

有条件的安抚

给予行动和结果的安抚
·称赞说"按时做完作业了啊"
·赞赏说"你遵守了规则，了不起"

真有你在好

谢谢

作业按时做完了啊

真厉害

安抚的分类

为情而厌恶的话，这个行为就变成了非语言的消极安抚。

此外，安抚可以根据当时的状态，分为有条件和无条件的。

孩子按时完成家庭作业后，父母表扬"太棒了"的情况是有条件的积极安抚。而父母训斥孩子"你就是因为不学习，考试成绩才不好"则是有条件的消极安抚。

无条件安抚则是面向孩子的存在本身的。吉卜力工作室的电影《记忆中的玛妮》中，玛妮对自尊心不足的主人公表达了爱意，这可以说是无条件的积极安抚。

要点

在家庭中增加给予孩子积极安抚的机会，能够提升孩子的自尊心。

积极安抚多个孩子

有时候父母表扬较小的孩子，哥哥姐姐会故意拆台。在有兄弟姐妹的家庭中，大孩子经常会跟小孩子争宠。

一位母亲看到上小学二年级的弟弟的汉字练习本，得知孩子能够认识并写对还没有学过的汉字，便表扬说"真棒"。上小学四年级的姐姐听到后却说"这有什么""在你们面前装乖宝宝而已"，这些难听的话着实让父母非常惊讶。

这种情况或许是姐姐对弟弟的嫉妒心导致的。嫉妒这种消极情绪的产生是因为害怕自己重要的人的爱被他人夺走，而这又催生了对对方的敌意和带有攻击性的反应。

对姐姐来说，母亲无疑比什么人都重要。注意到母亲的爱和关注都转移到弟弟身上的时候，她会觉得很不舒服。这是姐姐向父母发出的无声信号，希望父母能够多留意自己，希望父母多给予一些积极安抚。

小学中低年级的时候，孩子们偶尔还会互相称赞对方的优点，比如游戏打得真好，或是跑得快。但是随着孩子进入高年级，消极发言就多了起来，孩子之间相互称赞也渐渐变少了。特别是女孩发育比较早，朋友间的消极安抚渐渐增加，有时候会陷入积极安抚缺乏的状态。前例中姐姐对弟弟的些许嫉妒心或许就是在这种心理状态的背景下产生的。

父母能够做到的是，不论孩子多大、上几年级，都要给予他们合适的积极安抚，与孩子沟通的时候也要给予孩子百分百的关注。这样积累下去，肯定可以获得高质量的亲子关系。

批评也是安抚，最糟糕的是无视

有益的安抚的顺序如下。

- **无条件的积极安抚**
- **有条件的积极安抚**
- **有条件的消极安抚**

从本质上认可孩子的无条件积极安抚是最佳的，这是一种无条件给予孩子爱的行为。

沟通分析心理学中有一种"安抚金库"的观点。意思是给予孩子大量无条件的积极安抚的话，孩子每次都会"叮当"一声在自己心里的安抚金库中存上一笔。

孩子学习努力的时候、帮忙做家务的时候父母给予的表扬——"有条件的安抚"也有意义。

孩子因为没能完成约定而被责备属于"有条件的消极安抚"，位列第三。这样的安抚虽然听起来不太好，但并非不需要。因为在教育的意义上，这种相互沟通是非常重要的。

责骂行为有时的确会让孩子退缩，父母也会因为负罪感而反感这种行为。但是我认为，为了打造慈父慈母的形象，在应该教育孩子的时候不作为，会妨碍亲子间创造心灵相通的关系。

不过，也应该注意责骂孩子的场合。因为那种全盘否定孩子存在的"无条件消极安抚"是公认有害的。孩子的心灵也会伤痕累累，自尊心一落千丈，不知如何才能不辜负父母的期望，从而陷入迷茫与绝望。特别是"早知道就不生你了"这样的话是最伤人的。

此外，还有比这种无条件否定对方存在的沟通更过分的行为，那就是不给予安抚，即无视。

对孩子来说，被父母无视是一件很痛苦的事情。同在一个屋檐下生活，家人却几乎不对视，一日三餐也在不同的时间各自进行，甚至连招呼都不打。这就是缺乏安抚的家庭。比起无视来，还是唠唠叨叨、吵吵闹闹的家庭更好一些。

也许家人间相互无视的家庭很少见，但我目睹过几乎没有任何安抚，只剩互相无视的职场，那种情景让我后背一阵阵发冷。在这样的职场工作的人们并不是有意识地无视对方，他们只是从不看彼此，也没有任何语言交流。

如果将人与人之间关系淡薄的职场的坏习惯带到家庭中，就会出现大问题。缺乏安抚的状态一旦成为常态，家人间的纽带会减少。在这种孤独、缺乏交流的办公室和研究所般的环境中，孩子的自尊心是无法健康发展的。

要点

安抚分为积极安抚和消极安抚，最糟糕的是没有安抚的饥饿状态，即无视。

将积极安抚习惯化

关于积极安抚，我想建议的是，将积极安抚在日常生活中习惯化。可以利用 68 页的"3 分钟亲子练习"，尽可能达到让最好的无条件积极安抚习惯化这一目标。

我想和各位分享一下我自己的经验。我儿子小学四年级的时候参加了本地区的棒球队，每周六下午去练习，有时候周日会参加比赛。因为平时的练习和比赛中会有大量的运动，也会多次重复击球的动作，所以一到晚上，孩子的腿部很累，肌肉会一直十分僵硬。因此每天晚上睡觉前，我都会帮他做拉伸放松运动。即使一个人无法坚持下去，和父母一起做也能充满动力。

拉伸放松运动是一种基础柔韧运动，包括伸脚前屈、单脚前屈、分脚前屈和腰部扭转。它是一种只需要几分钟的时间就可以完成的简单运动，但是能防止受伤。或许是因为现在儿子又开始打篮球，在前屈伸展背部的时候，我注意到了儿子绷紧的背肌，看到他宽阔的背部，感受到他真是长大了。或许是因为身体肌肉放松了，孩子也变得坦率了，比平时要话多，会给我讲述学校发生的事情，这段时间为我们父子提供了宝贵的交流机会。

我也习惯了在睡前帮上小学的女儿做脚部按摩。看到有人帮哥哥做放松运动，她非常羡慕，就对我说："我也要爸爸帮忙。"因此我们养成了这个习惯。

和我儿子不同的是，我女儿的腿部肌肉并不是特别疲劳，但是她会闭上眼睛，表现出非常舒服的样子。我也借机参考书本上学到的按摩手法，和她闲聊："放松这里的话，对健康有帮助哦。"对女儿来说，这似乎成了睡前的一种治疗仪式。

睡前为儿子做的拉伸放松运动和给女儿做的腿部按摩，让我们将给予孩子无条件积极安抚确立为一种习惯。

皮肤接触帮助提升自尊心

孩子出门前，妈妈在玄关处紧紧地拥抱了孩子，这样孩子就能自尊心满满地去上学了。这是一种属于无条件积极安抚的好习惯。

父母和孩子牵手或者拥抱这样的皮肤接触会给孩子心理发育带来积极影响。最新的积极心理学研究指出，皮肤接触时，人体内会产生一种叫作"后叶催产素"（oxytocin）的激素。

后叶催产素别称"爱的激素"，本来是女性分娩宫缩时大脑垂体分泌出的一种物质。它是母爱之源，因为能刺激母亲产生抱紧宝宝的本能，又被称为"拥抱激素"。

有研究表明，后叶催产素分泌旺盛时，我们就会充满爱意，不仅会对人更加温柔亲切，还会萌生舍己为人的精神。儿童教育自不必说，对人才教育也大有益处，在夫妻关系和与合作伙伴的人际关系方面更是有积极的影响。

在美国，离婚和家庭暴力已然成为很大的社会问题，因此人们期待对后叶催产素的研究或许可以解决上述问题。后叶催产素研究也是基于这样的背景而出现的。

在给孩子们做放松运动和按摩的时候，我也会比平时更温和。拥抱孩子的母亲也能感受到自己心中的爱意。

我的培训学员中有一位即将步入花甲之年的社长。他告诉我："最近我育儿的渴望觉醒了。"细听下来，原来他刚刚有了一个孙子，一到周末他就会一直抱着孙子。我还记得我当时对他说："多亏您孙子让您分泌了爱的激素，对员工也变得体贴了。"一起听课的他的女性下属也笑了起来。

在其他场合，我们也有很多通过皮肤接触给予无条件积极安抚的机会。

除了皮肤接触，依靠眼神接触、照料、打招呼等手段，我们也能增加与孩子亲密接触的机会。在这些积极安抚习惯化以后，请帮助孩子在家庭中培育自尊心，以进一步提高孩子抗压力的能量。

要点

通过与孩子的皮肤接触、眼神接触、照料、打招呼，将积极安抚习惯化，从而提升孩子的自尊心。

3分钟亲子练习

❺ 将积极安抚习惯化

目的 制订将积极安抚习惯化的计划，帮孩子提升自尊心。

❶ 清晨，起床后到上学

☐ 无条件   ☐ 语言
☐ 有条件   ☐ 非语言

❷ 放学后到晚饭

☐ 无条件   ☐ 语言
☐ 有条件   ☐ 非语言

❸ 晚饭后到睡觉

☐ 无条件　　☐ 语言
☐ 有条件　　☐ 非语言

❹ 周末、假期

☐ 无条件　　☐ 语言
☐ 有条件　　☐ 非语言

<68～69页回答示例>

3分钟亲子练习

⑤ 将积极安抚习惯化！

目的 制订将积极安抚习惯化的计划，帮孩子提升自尊心。

❶ 清晨，起床后到上学

❶

☐ 无条件   ☐ 语言
☐ 有条件   ☐ 非语言

❸ 晚饭后到睡觉

❸

☐ 无条件   ☐ 语言
☐ 有条件   ☐ 非语言

❷ 放学后到晚饭

❷

☐ 无条件   ☐ 语言
☐ 有条件   ☐ 非语言

❹ 周末、假期

❹

☐ 无条件   ☐ 语言
☐ 有条件   ☐ 非语言

❶ 出门之前，一定会拥抱孩子。
  ☑ 无条件   ☑ 非语言

❷ 到家的时候微笑地迎上去，说声"欢迎回来"。
  ☑ 无条件   ☑ 语言

❸ 孩子按时完成家庭作业后，表扬他"太棒了"。
  ☑ 有条件   ☑ 语言

❹ 给孩子做身体按摩。
  ☑ 无条件   ☑ 非语言

第二章

学习情绪调节的方法

情绪不能压抑，而要调节

请思考一下，你的孩子能够自如地控制情绪吗？还是会强行将消极情绪掩盖起来，或是被强大能量的情绪所支配，根本无法控制？

抗压力强的人能够调节情绪。也就是通过控制情绪的手段，防止循环往复的消极情绪造成的意志消沉。如果你的孩子出现了以下倾向，我认为这是锻炼孩子情绪调节能力的良机。

- 考试或是体育成绩不理想，心情低落，许久都闷闷不乐。
- 无端焦躁不安，一旦被朋友嘲笑便立即翻脸，争吵一触即发。
- 并没有怎么运动，却总喊累。

　　为了防止误解，我想说明一点。情绪调节不是用强硬的手段控制情绪，并不是说在令人不快的消极情绪产生后就要将这种情绪压抑住。这不是情绪调节，而是情绪压制。

　　无论什么事情，一旦被压制就会让人感到很憋闷，从而产生不满，情绪也是如此。怒气或者不安等情绪被压抑后，其能量并不会消失得无影无踪。这些消极情绪就像岩浆持续在火山下堆积一样，一旦在体内累积到一定程度，就会借着某个契机爆发。

　　心理学中，我们把这种状态称为"被动攻击"。不是将怒气和不满发散出去，而是用消极态度持续限制、压抑情感，最后便是累积的情绪一下子爆发，进而在某一天导致攻击性的行为。受压抑者经常会朝周围的人或物品撒气。很多案例都表明了这一过程。

　　有的人很讨厌上司，强压下怨气闷头工作，但是某一天或许受到了很过分的对待，堆积的不满终于爆发，甚至可能怒而辞职……这样的案例是很典型的。

　　此外，很多妻子会将对丈夫的不满拼命隐藏起来，然而当丈夫退休后开始变得游手好闲，妻子对丈夫的依赖态度忍无可忍，便很容易导致所谓的"中老年离婚"现象。

　　具有强大能量的消极情绪，即使被限制和压抑，也是无法消失的。如果将其发散出去，也会对他人造成一定的危害。要合理地控制消极情绪，情绪调节的方法尤为重要。

`要点`

　　我们应该追求的目标不是强行制约、压抑情绪，也不是反而被情绪支配，而是一边均衡地调节自己多样的情绪，一边充满活力地度日。

让低落的情绪"触底反弹"

　　我会用"抗压力的三个阶段"曲线图来说明，面对压力和逆境而精神陷入低谷的人如何重新站起来，并通过这段经历变得更强大。

　　这里最基本的是情绪调节的手段，也就是在压力和紧张之下为了让自己平静下来而适当控制情绪的行为。例如，请想一想自己在遭遇意外失败时的感受。那时你的心理状态是怎样的呢？恐怕很多人都会陷入恐慌状态而无法冷静考虑问题，即所谓"思考停止"的状态。此外，很多人还会萌生自责的念头，认为失败都是自己的错，会拖他人后腿，不安和焦躁的消极情绪由此产生。用曲线图来表示的话，心理状态是从正到负直线下降。

上述消极情绪还会引出一连串其他消极情绪。在失败最初，我们可能只是会变得不安，想着"这样下去会不会有问题啊"。不久后，我们会产生罪恶感，随后会不甘心自己为何总是重复这样的失败，之后会觉得"早点发现就好了""我怎么这么倒霉"，并被悲伤和失望笼罩。一次情绪关联二次情绪，情绪一落千丈。

重要的是及时终止这种低落的情绪状态，这种状态被称作第一个阶段："谷底"。

一旦被打入谷底之后，接下来就要恢复到原来的状态，即第二个阶段："复原"。

重整旗鼓之后，我们需要让心平静下来，回顾失败的经历，进行反省。之后，我们便能总结经验教训和自己经历这次失败的意义。这便是第三个阶段："经验内化"。

这一课会成为战胜今后你或许还会经历的失败和挑战的原动力。

通过不断重复这三个阶段，我们可以让精神变得更加强韧，不过，为了让低落的精神触底反弹，情绪调节是最基础的调节方法。

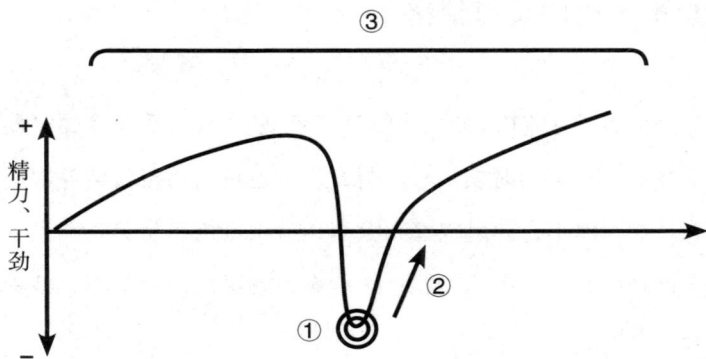

③

精力、干劲

+

−

①情绪低落到"谷底"
②谋求顺利"复原"
③对逆境经历进行"经验内化"

抗压力的三个阶段

要点

　　在经历"谷底""复原""经验内化"三个阶段后，我们的抗压力得到强化。情绪调节是这个过程中最基本的方法。

盘桓不去的负面情绪

　　为什么我们需要调节情绪来实现"触底反弹"呢？我们在情绪低落的时候，心里会有形形色色的消极情绪卷起旋涡。在大海中，如果被卷入漩涡，就很难逃出生天，在生活中也是如此。如果不摆脱这个状态，就可能出现抑郁等精神健康问题。

　　消极情绪实际上是很难对付的。它不仅会给我们带来不适的心理感受，而且这种感受还久久不会消散。

　　我学习抗压力的导师、积极心理学者伊洛娜·博尼韦尔博士将被消极情绪笼罩的心理状态描述为"如同踏入泥泞的沼泽地一样"。这种说法启示我，用一个更生动的比喻来说明消极情绪的顽固。

　　焦躁和不安的消极情绪给我们的感觉就像粘在普通炒锅上顽固的油污一样难以清洁，而高兴、安定等积极情绪给我们的感觉就像经过不粘处理的煎锅一样爽滑。因此，与积极情绪相比，消极情绪会更鲜明地留在我们的记忆里，也更容易残存下来。

　　这个炒锅和煎锅的比喻来源于我的真实经历。在之前就职的宝洁公司，我从属于负责电视广告制作等工作的市场部，最早负责的项目便是厨房清洗剂 JOY 系列。当时的促销电视广告是不经事先通知，由演员高田纯次对一些观众的家进行突击拜访，拍摄主人在厨房里用洗洁精清洗餐具的情景。

为了准备这则电视广告，我对哪些餐具和烹调器具上的油污最顽固这个问题做过细致的调查。我试着清洗布满油污的煎锅，结果一下子就洗干净了，这是因为这些煎锅的表面做了不粘处理。同理，我也在实验后确定，在烹饪过后没有马上清洗的炒锅的油污是难以去除的。

如果说有什么能像 JOY 洗洁精把厨具洗得干干净净那样清理消极情绪的话，"情绪调节"可算是一个轻松好用的工具。

要点

焦躁和不安等消极情绪比积极情绪更容易残留在脑海中，而且很难消散。

消极情绪导致冲动行为

顽固的消极情绪如果不断重复，不仅会出现持续的精神低落，有时还会损害身体健康。更麻烦的是，消极情绪可能导致冲动行为，这毫无益处并会损害自己的利益。

　　例如，孩子在学校受了欺负，因为一直压抑着，最终对母亲或兄弟姐妹发了脾气，这就属于由愤怒情绪点燃的攻击性冲动行为。

　　无论是孩子还是大人，很多人一旦失败就不会再去挑战新事物，这是失败产生的不安这种消极情绪引发的回避行为。

　　进入游乐场的鬼屋后想逃跑，是害怕的消极情绪引发的逃避行为。但如果孩子是在学校里和体育活动中惧怕某些挑战，久而久之，逃避会形成习惯。

　　考试成绩不理想，或者被朋友冷落，就把自己关在房间里 —— 如果孩子采取这样的态度，或许是悲伤的消极情绪导致的。因为人如果感到伤心，就会想独处。

　　孩子也可能出现厌学情绪，这是一种隐遁行为。探讨其情感原因，有可能是由羞耻的消极情绪引起的，比如在学校被老师批评、同学嘲笑而感到羞耻的经历。如果的确如此，那么父母即使告诉孩子必须去学校也无济于事。只要耻辱感没有消解，想要逃避的冲动依然存在。

要点

　　消极情绪有可能引发毫无益处并会损害自己利益的冲动行为，所以有必要调节情绪，自我控制。

消极情绪	冲动行为
愤怒	攻击
不安	回避
害怕	逃避
悲伤	独处
羞耻	隐遁

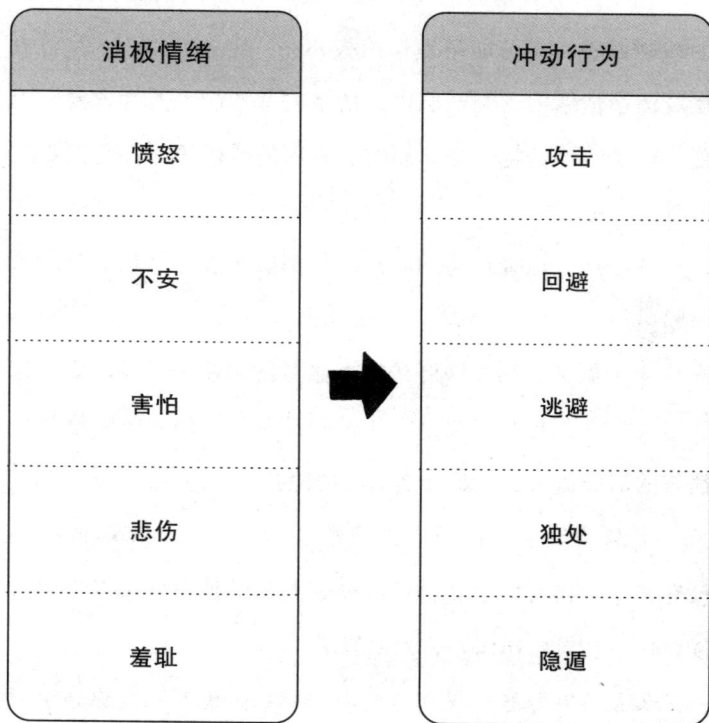

左侧的负面情绪引起了右侧毫无用处的行为。

负面情绪和冲动行为的关系

探究消极情绪产生的根源

抗压力中最基本的一点便是走出顽固的消极情绪导致的精神低谷，尽可能早地让消极情绪"触底反弹"，并努力摆脱消极情绪的支配。所以，情绪调节的能力尤为重要。因此，对于情绪，特别是麻烦的、顽固的消极情绪，我们需要了解其产生的根源。

内心产生消极情绪的时候，你都能明确它们是从何而来的吗？

举个例子，孩子磨磨蹭蹭不愿意做作业的时候，我想你肯定会变得很急躁，按捺不住催促甚至呵斥的心情。这就是愤怒的消极情绪，它是什么引起的呢？

引起愤怒情绪的原因，通常是属于自己的东西或权利被夺走了。换言之，对自己十分重要的某种东西被夺走的时候，你便会对始作俑者感到愤怒了。

如果你在陪孩子做作业的时候感到焦虑，那么你心里可能是这样想的："我那么忙，你还这么不着急，这不是浪费我的宝贵时间吗？"让你生气的，是对孩子不听父母话的不满。

很多时候，父母不是因为替孩子着想，而是为了发泄自己感到的压力而训斥孩子的。比如，觉得孩子连作业都写得那么吃力，对孩子的未来产生担忧，这种心理也会给父母带

愤怒

产生原因
· 自己的所有物或权利被夺走
· 目击他人不道德的行为

不安

产生原因
· 对未来产生消极预想
· 前途不明朗

恐惧

产生原因
· 眼前出现紧迫威胁
· 身体有危险或心理受到伤害

悲伤

产生原因
· 丧失对自己而言的重要
  之物

羞耻

产生原因
· 受到他人批评
· 因为负面评价而感到有人际
  关系压力

消极情绪及其产生原因

来压力。

当你对未来产生消极预想的时候，不安和担忧情绪就会出现。如果孩子沉迷打游戏而不做作业，父母会担心孩子只知道玩，今后的人生说不定会荒废。从这种担忧开始，焦躁作为二次情绪蔓延开来，随后便会出现责骂。

各种不同的消极情绪有着不同的根源。请参考上一页的示意图，在自己出现消极情绪的时候试着考虑一下为什么会这样。

了解情绪对了解自我非常有帮助，你可以借此注意到自己意想不到的一面。而仅仅知晓情绪产生的原因，也有让心恢复平静的效果。

要点

消极情绪产生的时候，你需要查明原因。有时候只是发现了原因，心情就可以在一定程度上得到平复。

确认你的"压力度"

消极情绪会在压力的累积下滋生。在这种情况下，人的神经会绷得紧紧的，也容易感到焦躁，更容易对孩子发火和说教。

"下意识地骂孩子"这件事是父母在教育子女的过程中遇到的最大烦恼之一。每个父母都希望用让彼此都感到幸福的方式教育子女，但是如果因为工作和家务而累积了大量压力的话，我们就会在无意中变得情绪化。

成年人每天在压力的包围下生活。最常见的便是职场上的上班族，由于心理健康恶化而患上抑郁症等疾病，缺勤、辞职的现象屡见不鲜。在学校里，感到有压力并在心理方面出现问题的教师数量也有上升。

有些企业在每年进行的体检中加入了考察压力水平的项目，86页有一套测试题，你只需要花3分钟就能完成。

这个表格将压力分为三个类别："疲劳项目""不安项目"和"抑郁项目"。对于这三类结果，你只要有一个超过标准值，就是高压力者。

摒除引发消极情绪的思维定式

消极情绪的出现也有内因，就是内心偏执的思考，也就是所谓"思维定式"。在心理学上，这被称为"认知扭曲"。

3分钟父母练习

❻ 压力水平测试

请针对你最近一个月的状态勾选最适合的选项。

　　①完全不符　　②几乎不符
　　③基本相符　　④非常符合

1.	特别疲惫	①②③④
2.	筋疲力尽	①②③④
3.	四肢无力	①②③④
4.	心情紧张	①②③④
5.	经常担心	①②③④
6.	感到慌张	①②③④
7.	感到忧郁	①②③④
8.	没有干劲	①②③④
9.	心情沉闷	①②③④

评分方法

疲劳项目 问题 1、2、3 的合计	不安项目 问题 4、5、6 的合计	抑郁项目 问题 7、8、9 的合计
分	分	分
※12 分以上是高压力者	※11 分以上是高压力者	※10 分以上是高压力者

孩童时代的失落感、因为与同学和兄弟姐妹比较而产生的自卑感、在职场上无法控制自己的无力感等，都是思维定式产生的原因。我们有些坚信不疑的价值观也会成为思维定式。

重要的一点是，思维定式是后天形成的，并不是从父母处继承的，并不受到遗传因素的影响。改变性格对我们来说并非易事，思维定式就更难自己改变了。如果这种思维定式对我们是有好处的，我们当然可以一直保有它。如果它是我们不需要的，我们要学会抛弃它。

这种抛弃过程被称为"去学习"（unlearning），就像把不需要的文件从电脑中删除一样。

旅行时，如果行李太多，我们就无法轻松地享受旅途。心理方面也是一样。为了享受漫长的人生旅途，我们有必要丢弃一些心理上的行李。舍弃了自己认为不需要的思维定式，会让人感到一身轻松。

此外，我们内心的思维定式因人而异，这是因为我们是戴着不同的"有色眼镜"生活的一群人。结果便是，尽管眼前发生了相同的事情，透过不同的有色眼镜，有的人看到的是明亮的颜色，有的人看到的则是暗淡的颜色。

思维定式会扭曲现实，让我们对事件的解释产生差异。因此，相同的事情会让不同人产生不同的情绪。

| 经历 | ▶ | 思维定式 | ▶ | 情绪 |

戴上这个颜色的,
怎么变悲伤了

- 思维定式类似有色眼镜。
- 面对相同的事,通过不同的有色眼镜,
  会看到不同的现实。
- 结果便产生了不同的情绪。

对相同的经历,情绪反应也因人而异

当我的孩子犯错或者失败的时候，我会训斥他们，但有的父母就完全不在意。相反，对于我不在意的一些小事，有些父母却会看得很严重。

对不同的父母，成为愤怒情绪导火索的思维定式是不同的。面对相同的事件，有的父母戴着思维定式的有色眼镜，看到的是令人焦虑的现实，而另一些父母没有戴这种有色眼镜，则认为不需要在意。

要点

思维定式会导致消极情绪产生。你如果觉得某种思维定式是不必要的，需要把它丢掉。思维定式因人而异，对不同人会成为不同的有色眼镜。

探寻你的"思维定式犬"

为了理解思维定式的差别，我们准备了父母可做的练习（91 页）。你在忍不住要训孩子的时候，首先要找到焦躁背后隐藏的思维定式。

我们的愤怒和焦虑，有时其实是一种情绪连锁反应。焦虑是被起初产生的不安和担心唤醒的。也就是说，即使我们想训斥孩子，这种情绪也不一定是第一情绪，经常是由其他负面情绪引起的第二情绪。

这个时候，尽管我们不希望自己成为对孩子发脾气的父母，而试图让怒气平息，效果也是有限的。原因很简单：我们最初产生的情绪并不是愤怒。要是不首先处理第一情绪的话，怒气和焦躁会连锁式滋生，父母就会不分青红皂白地训斥孩子。

这个练习的目的是帮我们理解有哪些情绪会导致我们想要训斥孩子，和作为其根本原因的思维定式。

父亲和母亲的思维定式有时也有所不同。有的母亲或许在感到焦虑的时候，却发现丈夫气定神闲，这就是思维定式的差异。

本书参考伊洛娜·博尼韦尔博士所开创的抗压力练习的相关理论，介绍了六种思维定式。为了生动形象，我把这些思维定式比喻为"思维定式犬"。每个人心里都养了至少一条思维定式犬。

请想象一下，这只犬在不知不觉间已经在你心里定居了。它偶尔会吠叫，刺激你的内心，产生消极情绪。如果不想继续养它，你要做的只是解开锁链，放它自由。因为它只是一只犬，并不是你身上不可分割的器官。当然，如果你认

3分钟父母练习

❼ 寻找让你想训斥孩子的思维定式

当时的情况

当时的情绪

☐ 愤怒、不满

☐ 不安、担心

☐ 恐惧

☐ 抑郁、无精打采

☐ 羞耻

☐ 罪恶感

哪只思维定式犬

☐ 正义犬

☐ 批评犬

☐ 投降犬

☐ 忧虑犬

☐ 内疚犬

☐ 放弃犬

今后如何对付那只思维定式犬？

☐ 赶走　　　　　☐ 接受　　　　　☐ 驯服

六种思维定式犬

正义犬

<特征>
自己的意见不容违背，非常固执，容易发怒

训斥孩子时的倾向：

·"你怎么就不听话呢"：父母绝对正确，不容违背
·"你怎么就不能按时完成呢"：约定了的事就必须做到

批判犬

<特征>
指责或批评别人，容易对周围的人怀有不满

训斥孩子时的倾向：

·"你真是没出息"：不分青红皂白地打击孩子
·"不讲卫生的孩子学习也好不到哪儿去"：批评的无理扩大化

投降犬

<特征>
总要与他人比较，容易感到自卑、难过和羞耻

训斥孩子时的倾向：

·"你跟人家学学"：总拿孩子与其他孩子做比较
·"哥哥就能做得比你好"：总是习惯在兄弟姐妹之间做比较

内疚犬

＜特征＞

出现问题时，总认为是孩子的错，否定孩子的人格，使其产生罪恶感和耻辱感

训斥孩子时的倾向：

· "你让爸爸／妈妈觉得丢脸"：叹着气责怪孩子

· "爸爸／妈妈还得给你擦屁股"：让孩子产生罪恶感

忧虑犬

＜特征＞

一旦失败就对未来感到悲观和不安

训斥孩子时的倾向：

· "你本来能做得更好的"：给孩子施加压力

· "我也是为你着想"：将自己的不安正当化

放弃犬

＜特征＞

固执地认为一定会失败，做任何事之前先否定了可能性

训斥孩子时的倾向：

· "你果然没用"：直接表达放弃

· "我觉得你不行，不过还是努力吧"：让孩子清楚地看到父母不抱希望的态度

为保持现状也不错，那么也可以接受它，继续饲养它。你可以驯服它，接下来继续陪伴它，这也是一个选择。

你要如何处置它，决定权在你手里。拥有决定权会让你感到轻松。

如果你想探寻让自己想要训斥孩子的思维定式，最佳机会是在忍不住想要训斥孩子的时候，或在对孩子发火的心情平复之后。步骤有四个。

- 在非常想训斥孩子时，将你此刻的状态记录在练习手册上。
- 确认此时自己的情绪是怎样的。你的焦躁和不快有时来自首先产生的不安和恐惧，而有时可能来自抑郁和羞耻，甚至是对孩子的罪恶感。
- 这些情绪产生的时候，请确定在自己心里狂吠的是六种思维定式犬中的哪一种。
- 决定今后如何应付自己选出的思维定式犬。如果它吠叫的内容属于无理取闹，让你难以接受，就毫不犹豫地让它滚开。如果它吠叫的内容相当有道理，可以选择接受它，继续与它共处。

如果你的情况无法被明确归类，例如它吠叫的内容确实是合理的，但是有些过火，我们的答案是：学习如何驯服它。

要点

知道不经意间火冒三丈训斥孩子这个冲动行为的背后有什么样的思维定式后，你就不会容易被情绪支配而批评孩子了。

帮助孩子调节情绪的方法

接下来介绍的是帮助孩子进行情绪调节的亲子练习（97页）。这个练习的目的在于，当孩子受到消极情绪的死死纠缠而无法有效排遣的时候，父母可以帮助他们进行情绪调节。

这个练习分为三个步骤进行。

第一步是"平复"。

消极情绪带有强大的能量。首先，我们要帮助情绪激动的孩子放松，恢复平静。让孩子情绪平复的方法有以下几种。

一个方法是，父母数出"一、二、三"，帮助孩子反复进行三次深呼吸。另一个方法是将孩子转移到安静的房间里，播放孩子喜欢的一些音乐来使其放松。此外，可以让孩子坐在舒适的沙发或者自己房间的床上，和父母一起阅读一本他喜欢的书，一起翻看一些充满家庭回忆的相册，这些方法都可以让孩子情绪稳定下来。

请选择适合孩子的放松方式尝试一下。如果孩子接受度良好，接下来就可以让他独立平复自己的情绪了。

第二步是让孩子通过倾诉将内心残存的负面情绪释放出去。这被称为对情绪的"命名"。

感到莫名的头疼和身体疼痛的时候，我们会变得不安。但如果从医生处得知了疼痛的原因，我们就会松一口气，这有时甚至能起到减轻疼痛的作用。消极情绪就像疼痛一样，是一种总让我们感到郁郁寡欢的感受，但如果给这些看不见的情绪起个名字，使其具象化，弄清郁闷感觉的起因，我们的不适感也会减轻。不然，我们连自己面对的是什么都确定不了，就更不用提解决了。

能否流畅表达情感因人而异。有些孩子或许不擅长表达，这个时候父母要轻声询问："仔细想想，你现在的心情是什么样的？"帮助孩子找到合适的语言表达。

孩子也许会使用"很担心""心怦怦跳""没力气"等描述来表达心情，请将这些描述方式与练习中的例子做对照。

3分钟亲子练习

❽ 一起调节情绪吧

目的 孩子苦恼或情绪激动的时候，父母要帮助他们调节情绪。

平复	**请选择适合孩子的放松方式。** ☐ 呼吸：大声数着"一、二、三"，做深呼吸。 ☐ 音乐：到安静的房间，一起聆听令人心平气和的音乐。 ☐ 阅读：让孩子来到安定、舒适的场所读书。
命名	**让孩子通过倾诉，释放内心情绪。** **询问孩子："你现在的心情是什么样的？"** ☐ 悲伤　☐ 生气　☐ 迷茫 ☐ 羞耻　☐ 忐忑不安　☐ 疲惫 ☐ 恐惧　☐ 懊恼　☐ 苦恼 ☐ 悲惨　☐ 寂寞　☐ 无精打采
共鸣	**接纳孩子的感受。** "原来你是这样想的啊。" "憋着不说很难受吧。" "有这么多事情要做很累吧，有什么问题都可以跟爸爸/妈妈说。"

比如，这时就可以问孩子是不是对自己没信心。

第三步是"共鸣"。

父母注意到孩子情绪的瞬间，孩子是非常开心的。这就好像父母在对他们说"原来你是这样想的啊""憋着不说很难受吧""有这么多事情要做很累吧，有什么问题都可以跟爸爸／妈妈说"。孩子知道，自己的情绪被父母接纳了，仅靠这一点，孩子就会有如释重负的感觉，重新开朗起来。

要点

当孩子无法妥善调节情绪的时候，便到了父母要帮助孩子的时刻。齐心协力一起消除消极情绪吧。

排遣顽固的消极情绪

即使和孩子一起进行了情绪调节，有时有些消极情绪还是无法消除。那是因为这些强烈的消极情绪正在孩子的内心转个不停，就像衣服在干燥机中旋转一样。

如果我们无法妥善处理消极情绪，它会无穷无尽地循环往复。这种情况在心理学上被称为"反刍"。消极想法不停在头脑中反复、无法排遣的情况被称为"负性自动思维"，即使是大人也会被这些情绪困扰。怎样才能消除它们？

有人提议用睡觉来消除消极情绪，但这种消极情绪在我们睡着的时候仍然会盘桓在我们脑中，还会让一些人做噩梦，无法进入深度睡眠。

我的建议是对其进行排遣 —— 通过转移注意力的方法，防止消极情绪循环往复。例如，在焦躁的时候，把注意力从会惹你生气的对象上移开；在感到不安的时候，把注意力从对将来的消极预测上移开。

只是，仅仅靠念头是很难成功转移注意力的。巧妙转移或转换注意力的秘诀在于利用自己的肢体动作，这样做可以让你在不知不觉中忘记自己介意的事。

为此，我们准备了第 100 页的"3 分钟亲子练习"。当孩子因无法甩掉消极情绪而十分烦恼时，请尝试以下四种排遣方法中的任何一个。

- **运动法**：做一些体育运动，如跳舞或慢跑。
- **音乐法**：聆听喜欢的音乐或演奏音乐。
- **放松法**：做一些有助于平复心情的按摩或者泡澡。
- **笔记法**：根据心情随意地写些文字、日记或画画。

3分钟亲子练习

❾ 排遣消极情绪

目的 让孩子养成排遣消极情绪的习惯。

---

❶ 运动法

---

❷ 音乐法

❸ 放松法

❹ 笔记法

　　每个孩子都应该有适合自己的排遣方法。找到这些方法的秘诀是要先找到能让孩子沉浸其中的事情。

　　对好动的孩子来说，运动类的排遣方法再好不过了。而对喜欢听歌或演奏乐器的孩子，音乐是最合适的。

应用实例

　　接下来我会介绍一些与孩子一起排遣消极情绪的案例。

　　有一个小学男生，一旦在学校或补习班里遇到烦心事就会压力大增，有时会表现得很暴躁，向兄弟姐妹撒气。

　　面对这种情况，孩子的爸爸在有时间的时候会和孩子玩摔跤游戏，这属于上面讲过的运动法。除此之外，父子俩还会一起打羽毛球、骑车、练习棒球投球等，他们找到了多种排遣消极情绪的方法。

　　而有一个女孩喜欢唱歌，于是她的妈妈在手机上下载了能够唱卡拉 OK 的应用。当压力变大时，母女俩会一起大声唱迪士尼动画片《冰雪奇缘》主题曲。

　　一位从小就对垂钓感兴趣的爸爸习惯周末和孩子出去钓鱼。在等待鱼上钩期间需要静坐，这样有助于保持内心的平静，因此垂钓可算是一种放松方法。而且在钓鱼时，父亲还可以和孩子聊天，钓到的鱼还可以作为晚饭的材料，更能加深亲子间的信赖感。

一个喜欢文字的女孩养成了在睡前写日记的习惯，她买了封面漂亮、带锁的日记本，将每日所思所想记录下来。这是封存秘密的日记本，所以写什么都可以。她通过文字记录下高兴事和烦心事，能够发泄情绪，避免情绪堆积。此外，睡前发泄也有助于睡眠。

请务必和孩子一起找到能让孩子坚持应用的排遣方法。

要点

父母帮助孩子找到排遣消极情绪的习惯后，这个习惯在孩子长大后也会帮助孩子战胜压力。

<100 ~ 101页练习回答示例>

3分钟亲子练习

❾ 排遣消极情绪

目的 让孩子养成排遣消极情绪的习惯。

❶ 运动法

①

❸ 放松法

③

❷ 音乐法

②

❹ 笔记法

④

❶ 如果有压力，就和爸爸玩摔跤游戏

❷ 和妈妈在家用手机上的应用一起唱喜欢的歌

❸ 周末和爸爸一起去钓鱼

❹ 睡前写日记

第三章

提高自我效能感

"只要去做就能成功"的信心

我们都希望孩子充满自信地投入学习、体育活动以及与朋友的交往中。大部分父母都希望孩子能拥有挑战精神和"只要去做就能成功"的自信。

但孩子在日常和学校生活中往往不会总是一帆风顺，经常会遇到如下情况。

- 进行某些兴趣爱好或体育活动时，没有想象中顺利，于是便失去干劲甚至放弃。
- 一旦遇到难题，就中途放弃。
- 总是不敢挑战新问题。

　　遇到挫折本身并不是什么大问题，摔倒了马上爬起来就好了。但是孩子在遇到挫折后如果总是很难爬起来，原因可能就是没有充分培养起自我效能感。

　　当孩子告诉父母自己打算放弃的时候，正是培养孩子自我效能感、提高抗压力的绝好机会。

　　自我效能感的英语为"self-efficacy"，意为"对达成既定目标和成果所需能力的确信"。与模糊的自信相比，自我效能感是一种更具体的心理资源，表示在面对某个目标时，认为自己只要去做就能成功。

　　自我效能感高的孩子的特征是，他们具有很强的目标达成能力。这样的孩子即便遇到难题也不会逃避，而会坚持到最后，即使失败了也会立刻重拾自信。哪怕是艰巨的挑战，他们也会积极应对，认为这是自己再上一个台阶的机会。他们能够以坦坦荡荡的态度直面挑战。

　　自我效能感与动力息息相关，因为它是努力去挑战更高目标的动力源泉。自我效能感高的孩子喜欢掌握新的技能和方法，也会更加投入。

　　下一页附有心理学家设计、全世界通用的自我效能感自我诊断表。在培养孩子的自我效能感之前，首先请父母确认自己的自我效能感水平。

3分钟父母练习

❿ 确认自我效能感水平

关于下列说法，请诚实地选择最符合你自身情况的选项。

①完全不符　　②几乎不符
③基本相符　　④非常符合

1.	只要我肯努力，再困难的问题也总是能够解决。	①②③④
2.	不管谁反对，我都会寻找获取想要的东西的手段。	①②③④
3.	我不会迷失目标，达成目标对于我来说不是什么难事。	①②③④
4.	即使遭遇预料之外的事，我也有自信能够高效率处理。	①②③④
5.	我善于想办法，总能想出如何冲出困境。	①②③④
6.	我不惜努力，能够解决几乎所有的问题。	①②③④
7.	我坚信自己有能力处理自己的事务，面对困难之事，也绝不会仓皇失措。	①②③④
8.	面对困难，我总能找到几种解决方案。	①②③④
9.	就算深陷窘境，我也能静下心来思考应对方法。	①②③④
10.	不论以后会发生什么样的事，我都能应付自如。	①②③④

合计分数

<评分方法> 将回答的分数相加。平均分为29分，分数越高则自我效能感越高。

引用来源：一般性自我效能感标准（Schwarzer and Jerusalem, 1995）

自我效能感与顺利完成学习和体育活动的能力以及解决问题的能力息息相关。培养高水平的自我效能感是非常有帮助的。

提高自我效能感的四要素

美国斯坦福大学心理学专业教授阿尔伯特·班杜拉（Albert Bandura）被称为"自我效能感研究第一人"。班杜拉博士认为，自我效能感的提高涉及四个要素。

第一个是"**真实体验**"。如果你想拥有"只要去做就能成功"的信念，经历一些小的成功体验是很好的方法。偶尔降低期望值水平，多次重复你一定能胜任的简单课题，这种方法是非常有效的。

另一方面，勉强让自己接受高难度的挑战，重复与成功体验完全相反的失败体验，会导致自我效能感下降，必须注意。

第二个是"**榜样作用**"。仅靠仔细观察成功者的行为和说话方式，就能获得代理体验，从担心自己可能做不到演变为自信地认为自己或许可以。

古人曾说，学习者则为受教者。在日本，专做寿司的厨师也要拜师学艺。以比自己优秀的有能力者为榜样，并没有什么值得羞耻的。如果有掌握了你所需技能的专家和前辈，就以他们为榜样，观察他们的行为。这样做就能提高自我效能感，让你离成功又近了一步。

第三个是从其他人处"**获得鼓励**"。如果有人给予你"我相信你会成功的""这件事办得不错"这类积极的反馈，你的自我效能感也会得到提升。

我认为我们身边需要有五个能给我们鼓励的人，这些人可以是家人、朋友、同事和咨询师。我们在情绪变得消极、想要放弃的时候，可以找他们商谈。因此，我们需要事先建立起这样的人际关系。对孩子来说，父母就扮演着这种重要的角色。

第四个是"**振奋士气**"，即在挑战困难课题，对未来缺乏自信，心情变得低落之前，有意识地改变当前自己的气势，打造出情绪高涨的气氛。例如，上班族在向客户展示项目方案之前，或运动员在体育比赛之前，很容易出现心跳加快、手心出汗甚至浑身发抖的情况。这个时候，利用某些技巧给自己鼓起劲来，让自己抖擞精神，通过一些仪式将气氛变得更轻松的话，自我效能感也会提高。

直接获得的体验
成功体验
效果最好

代理体验、行动规范
帮助打消不安
比直接体验效果差一些

真实体验　　　榜样作用

自我效能感

获得鼓励　　　振奋士气

语言的力量
能让人继续努力
只是效果是暂时的

生理、情绪上的高涨现象
营造积极心态

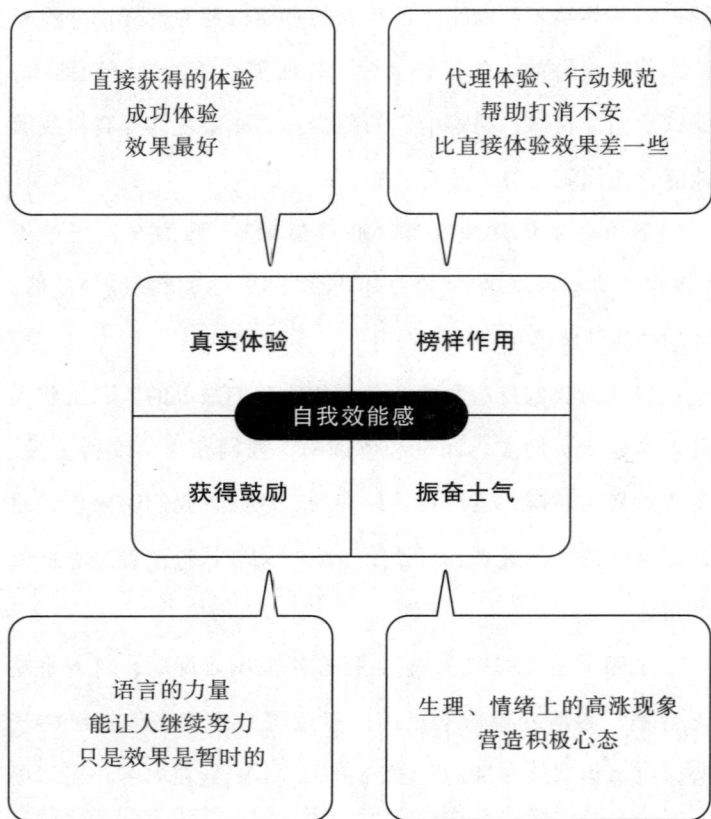

参考资料：Bandura, Albert, *Self-efficacy*. John Wiley&Sons, Inc, 1994。

提高自我效能感的四要素

要点

　　所谓"只要去做就能成功"的自我效能感可以通过真实体验、榜样作用、获得鼓励和振奋士气四种方式得到提高。

花样滑冰运动员羽生结弦的自我效能感

　　自我效能感能通过一己之力得到提高，但是我认为，通过他人的帮助得到提高才更有效。

　　如果你问在商业社会中取得卓越成果的未来领袖人才"作为专业人士的自信是怎样提高的"，经常会得到一个共同的答案，那就是"有幸遇到一位不吝表扬的上司"。

　　一位受访者表示，之前的上司十分信任他，会将重要工作托付给他，有时候上司以自己的经验为例教他工作方法，而那造就了如今的他。

　　他的上司不仅关注事情结果是否成功，还关注他努力获得成果的过程，会称赞他的工作态度。在他刚开始负责商业谈判和提案展示，压力很大的紧张时候，这位上司鼓励了他，让他以高昂的士气完成了任务。在这位擅长提高员工自我效能感的上司的帮助下，他成长为一名一流人才。

　　这种情况在职业体育运动领域也很常见。这时的主角从上司变成了教练，有时教练换了，运动员的成绩也会一下子发生明显的变化。

　　日本花样滑冰选手羽生结弦因在索契冬奥会上夺金而名声大噪，而在他闪耀的成绩背后，是他曾经克服的多种逆境。

　　生于日本东北地区的羽生，是因为具有强大的心理承受力才被选拔成为专业运动员的。小时候，他得过恐惧症，因此强大的心理承受力完全是他后天通过努力获取的。

　　此外，和其他选手相比，他还背负着身体上的问题。

　　他从两岁左右便开始遭受哮喘病的折磨。实际上，这种病对滑冰运动员来说是一种灾难，因为长期接触冰场的冷气会导致病发。在索契冬奥会前的练习阶段，羽生病发了，连呼吸都很痛苦，就更不用说吃饭了，这让他体重直线下降。

　　另外，花样滑冰是一种耗资巨大的竞技项目，练习和参赛的各项费用一年就需要上千万日元。在获得企业赞助之前，羽生就靠着冰上表演的演出费和家人的接济勉强支撑。花样滑冰比赛的比赛服如果在外定做，价格不会低于100万日元，于是羽生让母亲手工给他做衣服，他的头发也是母亲帮忙打理的。他还不用手机，这种节俭的生活在粉丝间传为佳话。

　　然而，要说在他的生活中发生最突然、影响最大的逆境，要数 2011 年的东日本大地震了。地震发生之时，羽生正在家乡仙台市他常去的冰场练习，因为感到突如其来的摇晃，他中止了练习。他发现脚下的冰出现了裂缝，墙壁也断裂了。危急之下，他穿着冰鞋就跑出去避难了，然而，还有更悲惨的事情在等着他——他家的房子倒塌了。四口人在狭窄的避难所只靠一条毛毯度过了四天。

面对着失去家园和家人的父老乡亲，听到海啸引发的惨剧和福岛核电站核反应堆损毁，放射性物质有泄漏风险这一系列不幸的消息，羽生曾十分迷茫，"不知道自己还该不该继续滑冰"。在天灾面前，自己一直以来追寻的花样滑冰事业已经失去了继续的意义。

但是，羽生的家人却反对他放弃。他们坚信他应该继续滑冰。滑冰界的相关人士和粉丝也都给了他鼓励和支持。这让他意识到，自己能做的就是用滑冰来回报大家的期望。

我认为，这样的领悟决定了羽生的未来。他不只是为自己而滑，更是为支援日本东北地区受灾人民而滑。这是一种很大的心理变化，是在他内心中撒播了"利他性"种子的瞬间。

虽然找到了动力，练习的场所却没有了，因为仙台当地的冰场已经被毁了。之后的一段时间里，羽生暂时在自己曾经的教练所属的横滨冰场练习。那之后半年间，他辗转全日本，被邀请参加支援灾后重建的冰上演出，出演了总计 60 余场，并在空闲的时候练习。这样的日子对一位 16 岁的高中生来说是非常艰难的。

战胜了这样的逆境，在下一个赛季的比赛中，羽生夺得了自己的第一个成年组冠军。在那之后，他刷新了自己的最好成绩，在全国锦标赛中获得季军，入围世界锦标赛。他初次参加花样滑冰世界锦标赛就获得了铜牌，刷新了日本男子选手的最小年龄纪录。

要点

东日本大地震之后，遭受挫折的羽生结弦在周围人的支持和鼓励下，找到了继续滑冰的意义。

从羽生的经历看自我效能感

在世界锦标赛之后，羽生遇到了一次巨大的变化。他一直以来的教练阿部奈奈美表示，他如果想在世界舞台上继续进步，需要寻找更优秀的教练。于是羽生拜加拿大教练布莱恩·奥瑟（Brian Orser）为师。这是一位发掘出世界冠军金妍儿的知名伯乐，他自己也曾代表加拿大出征奥运会并两度获得亚军的殊荣，可谓花样滑冰界的名师。

羽生通过向新教练拜师学艺，取得了更大的进步。2012年夏季，他将练习基地转移到教练所在的加拿大多伦多，2012—2013年赛季，他实现了惊人的飞跃。在接下来的2013—2014年赛季里，除了受伤病困扰的一次比赛外，羽生在参加的所有比赛中都取得了冠军或亚军的优异战绩。他夺冠的比赛包括索契奥运会和在埼玉举行的世界锦标赛。

为什么羽生能在如此短的时间内成长为这么优秀的选手？究竟是因为年龄增长还是运气使然呢？

我认为，羽生一跃而成为世界顶尖选手的秘诀有技术、体力、战术等诸多因素。然而，在这中间，我更关注的是精神层面，特别是自我效能感的提升。在布莱恩·奥瑟的指导下，羽生的自我效能感达到了很高的水平，这也令他的抗压力得到了显著提升。

要点

羽生在布莱恩·奥瑟的带领下成长为一名世界级的顶尖选手，原因之一便是自我效能感的大幅提高。

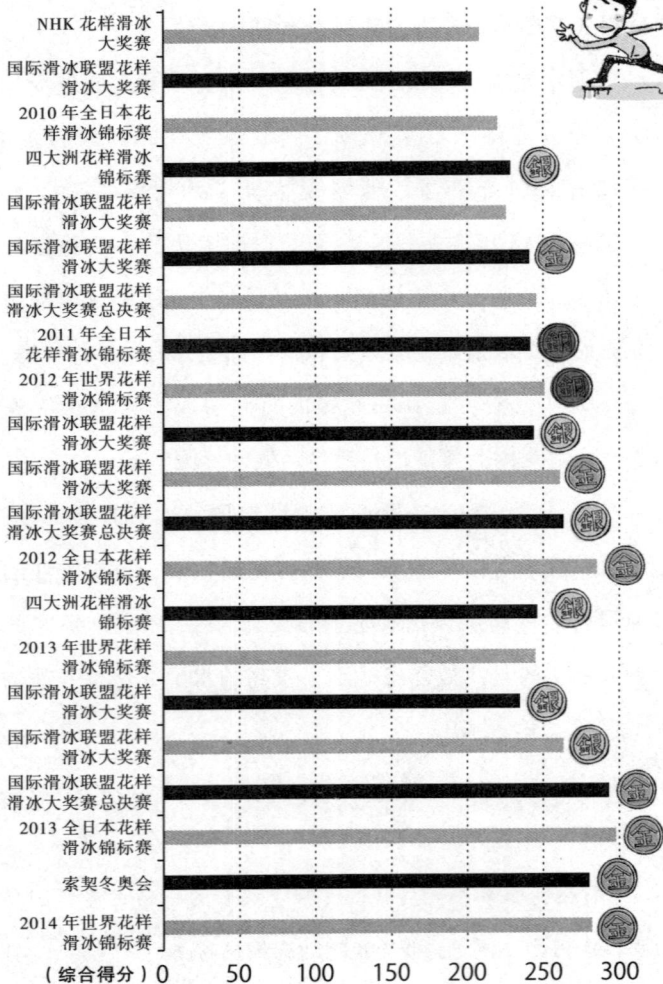

羽生结弦在主要国际比赛中的成绩

奥瑟对四要素的实践

那么，奥瑟是如何向羽生灌输"你可以成为世界上最好的花样滑冰选手"这个信念并帮助他提高自我效能感的呢？也是通过前文介绍过的四要素。

第一个是"真实体验"的累积。羽生投入奥瑟门下后，在几个月内所做的就是不停反复练习最基本的滑冰技巧。羽生特别想练习自己擅长的跳跃，但一直没有进入这个环节，最终，对基本技巧的练习帮助他提高了自我效能感。

第二个是"榜样作用"的力量，即找到一个出色的行动规范。对导师和朋友的选择标准于人生的成功非常重要，羽生在这一点上受益匪浅。

在日本国内，羽生得益于阿部教练的指导，还有像高桥大辅这样的前辈的关照；远赴加拿大后，奥瑟教练便成了新的榜样，同门中还在在索契冬奥会上获得了第四名的哈维尔·费尔南德兹（Javier Fernández López）这样优秀的运动员。奥瑟和费尔南德兹都擅长跳跃，因此这对以高难度跳跃为撒手锏的羽生来说是绝好的学习机会。

第三个是"获得鼓励"。奥瑟特别擅长鼓励自己的门徒。一到比赛时，奥瑟就会显示出特别夸张的激励态度，甚至会让矜持的日本人感到难为情。当羽生成功完成一个难度极高的后内结环四周跳动作时，奥瑟会大喊"结弦，太棒了"，并会欣喜若狂地鼓起掌来。即使是在平时的练习中，选手挑战高难度动作并出色完成的时候，奥瑟也会用确保他们能听到的声音大声称赞："看，你做到了！"这种夸张的表示是一种策略。

第四个是"振奋士气"。奥瑟特别注意比赛前选手的心情。他不仅以常规方式帮他们抖擞精神，为了改变心情低落等消极状态，他还采取了几个对策。

羽生练习的俱乐部在一个有大门的小区内，他所住的公寓也在小区里，所以外人未经批准是无法进入的。这确保了选手们能在远离媒体攻势、身心皆受到保护的环境中生活和练习。

奥瑟也常常开导羽生"不要介意网络和社交媒体上的言论"。他在这方面格外细心，以防选手看到网络上的匿名诽谤和中伤而心情低落。

布莱恩·奥瑟教练是善于提升选手自我效能感的名师，正是在他的帮助下，羽生结弦的成绩得到了进一步的飞跃。

要点

在拜奥瑟为师后，羽生也通过"真实体验""榜样作用""获得鼓励""振奋士气"四种途径提升了自我效能感，从而取得了更好的成绩。

网球运动员锦织圭的自我效能感

在日本职业网球界，有一名在教练引导下取得一流成绩的顶级选手，他就是锦织圭。

在 2014 年的美国网球公开赛上，锦织圭成为首次杀入决赛的日本选手。而在这样一个受到全日本关注的运动员背后，是教练张德培（Michael Te-Pei Chang）的身影。

张德培是华裔美国人，曾在 1989 年法网公开赛夺冠，创造了该赛事最年轻冠军的纪录，其后世界排名攀升到第二位。张德培之所以出任锦织圭的教练，不仅因为当时的锦织圭在技术上尚有巨大的提升潜力，还因为他在心理层面上仍有巨大的上升空间。如果心理能够更加成熟，攀升的可能性还会更大。

在张德培任其教练之前，锦织圭的目标仅仅是冲入世界四大网球公开赛的半决赛。尽管他开始时顺利晋级，但在后面的几场比赛中由于旧病复发，再加上体力的问题，他的这种自信没有坚持到最后。

然而，在张教练"只要去做就会胜利"信念的影响下，在通过高强度练习积累了大量"真实体验"之后，锦织圭改头换面，在面对强大对手时也不会感到畏惧。他的自我效能感得到了最大限度的提升，这让他能在比赛中胜出。究其原因，是张教练这样的世界级榜样的存在。在锦织圭的比赛和日常练习中，语言的鼓励和技术上的反馈这类指导方法都不曾缺席，在比赛前振奋士气的各项手段就更不用说了。最终，锦织圭在 2014 年美网公开赛中获得亚军。

要点

职业网球选手锦织圭的教练张德培也是通过这四种方法提升运动员自我效能感的。

从称赞"你很努力"开始

以上，我列举了运动界的例子，说明了自我效能感的重要性。自我效能感对运动以外的事业也是通用的，也能帮助父母培养具备抗压力的孩子。

特别是在孩子开始从事一项新活动的最初数月间，如果能够形成自我效能感，就会获得良好的初速度。在此期间，孩子常常会感到有诸多不习惯和压力，内心会变得十分脆弱，但如果能在父母的支持下获得自我效能感，就可能突破最初的壁垒，一口气奔向前方。

在通过鼓励提高孩子自我效能感方面，有几个要点应该注意。

十分善于培养孩子自信心的父母会用"只要去做就会成功"的思路鼓励孩子，让孩子对自己的能力深信不疑。他们擅长称赞。通过持续不断的积极鼓励，他们能帮助孩子成功提升自我效能感。

而那些会损伤孩子自信心的父母有一个特征，那便是他们过于在意结果正确与否的问题。

例如，孩子绞尽脑汁地做一道数学题，总算凭借自己的能力完成了。于是，充满成就感的孩子把解题过程拿给父母看，希望得到反馈。而父母发现，答案是对的，但过程跟标准答案有些出入。这个时候怎么处理呢？

这个时候，如果父母实事求是地指出孩子的解法不够标准，孩子的自我效能感一下子就会降低很多。如实的反馈在教育上或许很重要，但这经常会损伤孩子的积极性。

日本人很讲究正确性，这就像守时一样，都是我们引以为傲的强项。但如果为了培养孩子的自我效能感，尽管孩子的表现与父母的期待多少有些出入，有时父母也需要对孩子的缺点睁一只眼闭一只眼，挑孩子的优点鼓励。

例如，父母要认可的是孩子努力答题的过程，要鼓励的是孩子付出的努力。仅仅是因为这样的一句鼓励，孩子的自我效能感就会提升。就算有错误，也可以引导他自己意识到问题所在。这是一种不提前说出答案，而是提示孩子自己察觉问题的教育方式。

自己察觉问题是一种真实体验，孩子的自我效能感也会因此有很大的提升。这让孩子能够挑战更难的课题，更有耐心坚持下去，直到成功。这种成功的经历更会形成激发更高自我效能感的良性循环。帮助这个良性循环继续运行的是父母传达温情的鼓励话语。

孩子一旦在内心建立起强大的自我效能感，并习惯了积极良性循环，接下来就能走上依靠自己提高能力的正轨。这样一来，孩子的成长实际上是很快的。持续用鼓励引领孩子走上正轨是父母非常重要的使命。

要点

为了提高孩子的自我效能感，和对正确性的反馈相比，有时候温情的鼓励更有效。

提高自信和干劲的练习

我准备了帮助提升孩子自我效能感的亲子练习（第126页）。这些练习的目的是，通过回答与提升自我效能感的四要素相关的提问，针对孩子的目标，提升孩子的自信心。

请一定在孩子初次挑战某事时进行这个练习。而且在设定目标时，与在竞争中获胜相比，建议将重心放在孩子做"最好的自己"上。

例如，日本花样滑冰运动员浅田真央在索契冬奥会的预选赛中摔倒了很多次，基本与奖牌无缘。然而，她马上就战胜了心理逆境，恢复了常态，在决赛中拿出了最好的状态，向我们展示了非常棒的抗压力。

这是她重拾自信的成功体验。正因为这次体验，她可以笑着总结奥运会的经验和教训，冲刺下一个世界锦标赛的冠军。

培养不服输的孩子也取决于父母的选择。在比赛中，胜者总是有限的。即使是在体育项目，学习考试以及钢琴、芭蕾这些兴趣相关的活动中，也只有一小部分孩子会受到表扬。如果仅以结果为准，在获得成功之前，孩子体验的都是失败的经历，自我效能感会降低。

我认为培养孩子抗压力的目标并非培养在竞争中获胜的

3分钟亲子练习

❶❶ 提升自我效能感

目的　提高孩子针对特定目标的自信和干劲。

孩子的目标是什么?

真实体验:如何积累小的成功体验?

获得鼓励：孩子希望听到什么样的声音？

榜样作用：这个领域的榜样是谁？

振奋士气：如何让孩子的自信和情绪高涨？

孩子，而是培养始终努力做到最佳状态的孩子。培养这样的孩子，也是父母的职责之一。

通过反复练习提升自我效能感

接下来，我介绍一下我儿子的例子。我儿子当时即将参加学校篮球社团的成员选拔考试，他的目标便是通过这次考试。

我儿子就读学校的篮球社团非常热门，很多学生都希望加入，再加上比自己个头高的同学有很多，我儿子没有自信能被选上。

因此，我考虑了提升自我效能感的方法，设计了这个练习。我把目标设定为"在学校篮球社团的选拔考试中做到最好"，结果是合格并入选篮球队即可。

因为练习最重要，所以我决定陪练。然而我对篮球一窍不通，无法教给儿子具体的技术。鼓励我是可以做到的，然而被不懂行的爸爸称赞，儿子一点儿也不觉得开心。

就在烦恼不已的时候，我发现隔壁球场有一位篮球教练正在指导一个和我儿子年纪相仿的孩子。这名女性教练耐心地一对一教授运球和投篮技术。于是我上前询问她能否指点我儿子，她很爽快地答应了。我们约好每周六早上在附近的篮球场上课。

我后来才知道，这名教练是新加坡女篮国家队的一名运动员。她平时在初高中指导学生打篮球，周末会为我们开设私教课程。她的个子虽然不是很高，但是灵活性和传球的准确性很强，她正是因为灵活性这个强项而入选国家队，成为一名后卫的。她的身高对她而言是个劣势，可她依然入选了，这对我儿子来说是种莫大的鼓励。

这位教练善于设计对基本技能及其应用技巧的练习，她自己就曾通过这样的练习提高技术水平。在体育训练中，反复练习基本功可以不断重复小的真实体验，因此有提升自我效能感的效果。即使出现失误，因为是在练习中，也不会变成严重的失败体验。另一方面，一旦技术得到提高，我们便能切身感受到自己的成长，因而自信也会日益高涨。我儿子也把周末从教练处学到的新的练习方法运用到了平时的个人练习中，一点点激发了自信心。

要点

在学习和体育运动中，提升孩子自我效能感的一个合适的方法是反复操练基本技能。

高质量鼓励：具体反馈

　　这位教练也很擅长鼓励。她不会泛泛地夸奖孩子，也不会说"这次罚球你需要调整手臂的角度"，而是指出孩子哪里做得好，这样可以起到帮助孩子增强动力的作用。

　　在心理学上，这位教练着眼于细节的夸奖方式被称为"说明性反馈"。与缺乏实际内容的反馈相比，这种具体反馈的鼓励作用更好，能起到提升自尊心的效果。

　　通过反复练习得来的真实体验与来自教练的鼓励，让我儿子对篮球的自我效能感得到了显著改善。不过，对于自己的身高，他好像还是有些担心，不知道自己能否从众多比自己个高的学生中脱颖而出。因此，我尝试使用新方法来提升他的自我效能感——找到最适合他的榜样。

　　首先，我考虑到他的目标位置只能和教练一样，也就是后卫。因为这是一个要求视野开阔、传球准确以及带球质量高的位置，而这些都是我儿子最擅长的技术。我们决定好好利用自己的强项。

　　就算身高不占优势，只要能与高个子队友进行有效互动就成功了。这时候，我们需要找到一个能够体现具体职责的榜样。

　　我就在儿子房间里的书架上找到了那个榜样——漫画

《灌篮高手》中的人物宫城良田，位置当然是后卫。他尽管个头不高，但是带球技术高，在抢断方面也颇受好评，发挥着主力队员的作用。

我儿子个人的偶像其实是流川枫①，但是为了能够实现顺利进入篮球队的目标，他接受了我的建议，暂时以宫城良田为模仿对象。

接下来，我将《灌篮高手》在桌上一字排开，让儿子反复研究宫城良田发挥重要作用的剧情，通过模仿他在比赛中的表现，在头脑中幻想自己在篮球场上大放异彩的情景。

我还花了心思，在选拔考试的前一天帮助儿子振奋士气。我们全家都出动了。我妻子做了能增强体力的晚饭，并把在京都上贺茂神社求来的胜利护身符送给他。

心理学研究显示，振奋士气的一个好方法是摆出威风凛凛的姿态。我给儿子看了 YouTube 上史蒂夫·乔布斯的视频，那是乔布斯在 iPhone 的新品发布会上的一次传奇演讲。

看着乔布斯的演讲，儿子的目光发生了变化，变得兴味盎然起来。他似乎有了更多的发现，"他的身材看上去很魁梧""原来放慢动作能让人更有气场"。

通过展现自己希望体现的气势，反过来提升自己的自信和士气，给他人留下积极印象的方法，被称作"具体化"

①　在《灌篮高手》中的位置为前锋。——编者注

<126～127页回答示例>

3分钟亲子练习

⑪ 提升自我效能感

目的　提高孩子针对特定目标的自信和干劲。

孩子的目标是什么？

❶

真实体验：如何积累小的成功体验？

❷

获得鼓励：孩子希望听到什么样的声音？

❸

榜样作用：这个领域的榜样是谁？

❹

振奋士气：如何让孩子的自信和情绪高涨？

❺

❶ 在学校篮球社团的选拔考试中，表现出最好的自己。

❷ 熟练、认真完成教练制定的基本技能训练，反复练习。

❸ 练习时教练的具体反馈。

❹《灌篮高手》中的宫城良田。

❺ 选拔考试前增强体力的晚饭、神社求的胜利护身符、乔布斯一样
的胜者姿态。

（embodiment）。

　　例如，在动物王国中，站在最顶端的雄狮凭借气势和浓密的胡须显示着自己强大的体魄；同样，超人等超级英雄也会做出挺胸、两手叉腰的姿态，尽量凸显强壮身体的存在感。我发现这一现象与乔布斯在演讲中的姿态有相似之处。

　　最后，我儿子顺利通过了球队的选拔。我们至此的努力和为提升自我效能感制订的计划都奏效了。但让我儿子的自我效能感提升程度最高的，是他入选篮球队这个成功的结果。

要点

　　具体反馈是一种高质量的鼓励。榜样不仅限于现实生活中的人，也包括故事中的人物形象。做一些符合孩子实际的努力来帮助他们提升自我效能感吧。

画一张"逆境图"

　　下一个练习是"父母的逆境图"（第 135 页），它的目的是让父母回顾自己与孩子类似的逆境体验，想想当时是如何克服的，又从那些情境中意识到了什么，学会了哪些事，然后以自身为榜样，将经验、教训传授给孩子。

　　在教育的过程中，父母极少有机会倾诉自己小时候吃过的苦，但孩子却很想听到这样的经验之谈，所以一旦将这些事告诉孩子，孩子会因此产生共鸣感和自信心，认为既然父母都可以战胜逆境，自己也一定能做到。

　　这个练习的第一步是绘制一张简单的"逆境图"。

　　横坐标表示时间，纵坐标表示心理上积极或消极的程度。孩子如果还在上小学，那么只需回顾小学阶段即可。

　　父母不仅仅要通过逆境图回想起难熬的艰难时期，还要回想自己当初是如何战胜逆境的。我们要传达给孩子的不仅是失败的教训，还有战胜逆境的故事。

　　请给孩子讲讲自己是如何走过逆境的，得到了谁的帮助，动力是什么，在战胜逆境之前都经历了什么。

父母的逆境故事是孩子最好的参考

　　我曾在NHK教育电视台《引导教育》节目中举办的"亲子抗压力讲座"中介绍过这种方法。

　　讲座基本以亲子合作为中心，在最后一次讲座中，父母

3分钟亲子练习

⑫ 父母的逆境图

目的 父母通过讲述自己小时候战胜逆境的经历，成为孩子的榜样。

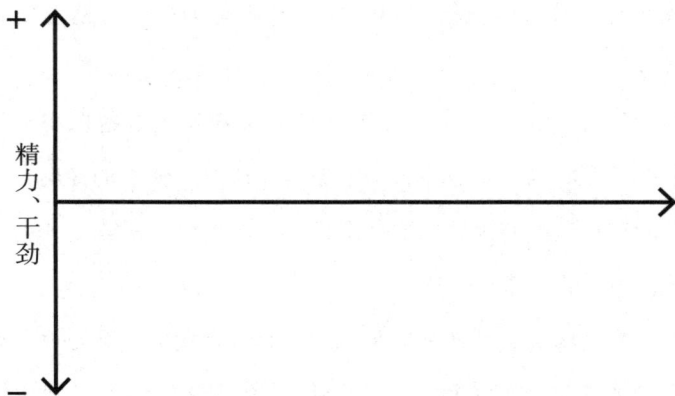

战胜逆境时的经验教训：

和孩子分为两组，父母回顾自己的小学时代，绘制逆境图，然后考虑打算讲什么故事给孩子听。

一位母亲因孩子无论如何都不喜欢学习而忧心忡忡，因此总会很严厉地训斥孩子，这让她感到苦恼。但如果不再训斥孩子，她又担心日后孩子会吃亏，因此即使会惹孩子生气也要继续训斥孩子。她感到自己十分消极，心情总是很低落。

那位母亲在绘制逆境图之后有了新发现。她在小学课堂上听写时也吃了很多苦头。那是一段非常痛苦的经历，一直封存在她内心深处。逆境图显示，她战胜了那段痛苦的经历，图上的线开始上升。

当被问到战胜逆境的契机时，她告诉我们，是因为受到了老师"只要努力就很棒"的鼓励。那一句话成了她内心的支撑，让她度过了这段难熬的时间。对孩子来说，母亲是"放手去做就好"这种鼓励的最佳提供者。

热心教育的父母总是格外小心，尽量不对孩子说消极的话。然而，父母的逆境经历并不属于这类话题，而是能够鼓舞人心的积极故事。在"亲子抗压力讲座"中，也有孩子说："妈妈战胜逆境的故事让我非常感动。"有的妈妈也感慨道："听到我遭受挫折的故事，孩子非常惊讶。"

在这个讲座最后，父母们为了描绘逆境图而努力回想自

<135页回答示例>

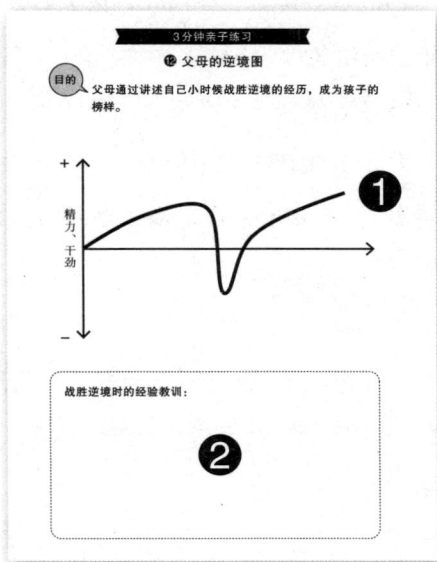

❶ ※ 本图是在正文基础上所做的示意图

❷ 我在听写中遇到困难时，老师鼓励我说："只要努力就很棒。"这句话成为我内心的支撑，让我战胜了逆境

身经历之时，孩子们在写致父母的感谢信，感谢父母给自己讲述战胜逆境的故事。作为一种仪式，孩子们会把信读给父母听，然后把信送给父母。

这个仪式自然有培养孩子感恩之心的效果。让人感到意味深长的是，大部分孩子都会感谢说："妈妈，谢谢你总是做好吃的晚饭给我。"对孩子来说，饱含母爱的饭菜比什么都珍贵。

要点

父母小时候战胜逆境的经验之谈和教训对孩子来说是绝佳的榜样。

第四章

培养乐观精神

乐观是领导力的要素

请你自我评判一下，你是乐观还是悲观的人？那么你的孩子容易乐观还是悲观呢？如果你的孩子有悲观倾向，你或许会发现他有以下行为。

- 一旦失败，常常担心下次也会不顺利。
- 一旦出现问题，就会情绪低落，认为自己搞砸了。
- 一旦事情不顺利，就会往坏处想。

我想，很多人可能没有考虑过乐观还是悲观的问题，我原本也是如此。但我在外企工作的时候发现，保持乐观是十分重要的。在西方文化中，更乐观的领导者才更容易获得下属的支持。

例如，在美国，领导者一般都是具备积极性格、勇于挑战的类型。美国前总统奥巴马面对美国内外的艰难局面，在就任前高喊着一个对未来抱着希望的口号："是的，我们可以！"

好莱坞电影中的主角们，尽管很多都有着沉重、黑暗的过去，但都表现出了坚信光明未来的乐观一面。《哈利·波特》中的哈利和邓布利多、《星球大战》中的卢克·天行者和汉·索罗、《钢铁侠》中的托尼·史塔克等都是极好的例子。

一位管理学家对 1000 位美国企业 CEO（首席执行官）进行了调查，结果发现 80% 的 CEO 都属于"非常乐观"一类。让人感到意味深长的是其他国家的数据：属于这一类的CEO 约占半数，为 54%。从这个差距看，可知美国人是多么喜爱具有高度乐观精神的领袖。

虽然我们不知道孩子以后会从事何种工作，但如果有进入跨国企业或在国外工作的机会，乐观精神是非常重要的。

如果希望成为领导者，必须拥有乐观的工作状态，因为悲观的上司是绝不会对下属产生吸引力的。

要点

抗压力的要素之一"乐观"在全球化环境下是非常重要的品质。

乐观者的成就

我在总部位于美国的宝洁公司工作的 16 年间，也有机会与很多极其乐观的上司一起工作。

他们中的任何一个人在面对事业和项目中的困难时，都能用"我们肯定能战胜它"来鼓舞团队，并做出表率。这些人是具备抗压力、令人感到信赖的领导者。乐观者不仅在商业上，在政治、体育和学习等各个领域都能取得成果。

积极心理学之父 —— 马丁·塞利格曼在创立积极心理学之前便对乐观进行了一系列研究。他在全球畅销书《活出最乐观的自己》（ *Learned Optimism* ）中记录了以下研究结论。

- 某大型保险公司录取的业务员主要以高度乐观者为主，结果业绩增长了 4 至 9 成。
- 分析从 20 世纪 40 年代到 80 年代的美国总统候选人提名演讲内容时，我们发现更乐观的候选人 10 次中有 9 次会收获胜利。
- 在汉城奥运会上夺得 5 金的美国游泳运动员马特·比昂迪就是极其乐观的人。
- 乐观程度高的教练率领的大学篮球队获胜的可能性更大。

而这并不是美国人特有的倾向。在日本进行的一项研究以某家保险公司的女性营业员为对象，针对乐观思维和悲观思维的强度差异对销售成绩的影响进行了调查。结果是，具备乐观思维的营业员在业务数量和签订的新合同数目上都有骄人的成绩。

保险公司的工作注重结果，压力也大，经常让人感到心力交瘁。这项调查也揭示了一种倾向：工作中出现消极事件时，不能乐观对待的职员更容易离职。

除了工作，根据塞利格曼的研究，我们得知，乐观的人在学习和运动中都容易取得好成绩，拥有更多动力，而且能够战胜困难。此外，乐观的人能积极应对压力，养成健康的习惯，免疫力强，不易感染传染病，身心健康，拥有一些不可或缺的长寿要素。

> **要点**
>
> 乐观者更能适应压力强度高的职位，在学习和体育项目中也更容易表现出色。

悲观会拉低各方面竞争力

另一方面，悲观者要面对很多问题。

例如，悲观者不擅长应付压力大的工作，因为惧怕失败而不敢挑战，容易丧失干劲，倾向于很快放弃，在学习和运动方面竞争力也很低。他们在身体和心理方面也会出现问题。他们会变得容易逃避，尽量避免压力，而且容易患抑郁症。当人们身体状况不佳时，悲观者会悲观地认为自己的健康状况只会越来越差，因此容易受到心理影响，疾病的恢复需要较长时间。在疾病面前，他们的复原力很弱。

除此之外，悲观倾向较强的人不擅长与人交往，在面试中表现不佳，不适合服务业，在人生和事业中更容易遇到困难。

有调查结果显示，悲观者不善于和同样悲观的人交往，而乐观者对悲观者缺乏好感。

乐观的上司如果手下有带有悲观情绪的下属，则其对上下级关系应该会感到很头疼。反过来也是一样。如果你是乐观者，而你的上司事事悲观，那么你会觉得工作是件苦差事。

事实上，我并不是乐观主义者。我虽然不是悲观主义者，但我的性格比较认真、谨慎，所以我常常选择稳健的道路，无法变得过于乐观。

在更推崇乐观领导者的外企，我过得十分辛苦。有时候，我感到特别羡慕那些不论在何种情况下都能保持积极向上状态的人。

性格上的因素无法改变，但是看问题的角度和方式是可以通过练习改变的。我也在适时改变过于保守的考虑问题的方法，希望能够更灵活地应对事情。而且，未来的工作和人生的阶段是无法预见的，没必要过于担心，重要的是能够迈出第一步。

培养乐观的练习可以帮我们迈出第一步，其结果会直接促进抗压力的提升。这种方法也适用于儿童教育，也可以灵活运用到孩子身上。这一点我会在之后介绍。

要点

悲观会给生活很多方面带来损害。改变性格是难事，但思维方式和看问题的方法有可能变得更加乐观。

评估自己的乐观度

乐观和悲观在根本上有何区别？

乐观的定义是"对未来持有积极的、期待的想法"，这在心理学上被称为"乐观人格倾向"；悲观的人往往持有"未来会不顺利，事态会恶化"的想法，这被称为"悲观人格倾向"。

很多人都听过这样一个经典问题："当你看到放了一半水的水杯，你会怎么描述它？"回答"只有一半水"的人是有悲观人格倾向的人，而回答"已经有一半水"的人是有乐观人格倾向的人。

我准备了评估乐观度的自我测试（第148页），你可以据此衡量自己的乐观水平。这个测试的对象是大学生以上年龄人士，不过父母也可以通过解释说明，帮助不能理解复杂问题的孩子做这个测试。

乐观与悲观思维的差异

抗压力强的人的一个特征便是乐观，这是不争的事实。

"我们的研究表明，培养抗压力时，最大的障碍不是遗传因素，也不是幼年经历，不是缺乏机会，也不是贫穷。在锻造坚强内心时，我们会遇到的最主要的障碍来自解读方式。"告诉我们这个事实的是与马丁·塞利格曼长期合作进行

3分钟父母练习

⓭ 评估乐观度

关于你最近一个月的状态，请勾选最适合的选项。

①完全不符　　②几乎不符　　③基本符合

④非常符合　　⑤完全符合

1.	即使事态不明朗，我也总会期待事情有积极的发展。	①②③④⑤
2.	我很容易放松。	①②③④⑤
3.	如果我感到事情有不顺利的苗头，那就一定会这样发展。	①②③④⑤
4.	我对自己的未来总是非常乐观。	①②③④⑤
5.	我很享受和朋友在一起的时光。	①②③④⑤
6.	忙碌对我来说十分重要。	①②③④⑤
7.	我从不觉得事物会像我希望的那样发展。	①②③④⑤
8.	我不会轻易生气。	①②③④⑤
9.	我从不指望好事发生在我身上。	①②③④⑤
10.	大体上，我觉得与坏事相比，好事更容易发生在自己身上。	①②③④⑤

合计分数

<评分方法> 对1、4、10，将圆圈内数字相加，对3、7、9，则将相反数字相加（例如选择5则计1分），其他问题为干扰项。在0～30分之间，分数越高，表示乐观人格倾向越强。

引用来源：乐观性标准修订版（Scheier et al., 1994）

抗压力研究的卡伦·莱维奇（Karen Reivich）。

"解读方式"就是塞利格曼进行的乐观性研究的中心概念。

所谓解读方式，指的是我们在心中如何对自己的成功和失败进行归因。众所周知，乐观者和悲观者在解读方式上有各自独特的倾向。面对逆境时，解读方式影响我们是否选择放弃。

这个概念是塞利格曼和同事克里斯托弗·彼得森共同进行悲观主义者研究时发现的。塞利格曼曾因"习得性无力感"研究而闻名，他还是抑郁症等心理疾病领域内的权威，掌握了大量心理疾病患者的临床资料。两位学者提出假说，认为悲观者思考问题的方式带有一定特点。

从与悲观思维的患者接触的经验来看，两位学者发现他们在看问题的方法和对事件的解读方式上有共通之处。也就是说，悲观者拥有对世界的独特看法。为了证明这个假说，他们在对庞大研究数据进行分析的基础上，发现悲观者在几个方面对不幸事件的解读方式有相同的倾向。

当时与塞利格曼同在宾夕法尼亚大学的阿朗·贝克（Aaron Beck）创立了对抑郁症非常有效的"认知行为疗法"，在心理学会中掀起了一波热潮。贝克博士表示："引起消极情绪的并不是令人厌恶的事情本身，而是对事情的认知和接受方式。"

归根结底，悲观主义者之所以悲观，并非因为发生在他们身上的事件本身，而是对事件的解读。

不幸之事谁都会遇到，但是解读方法却因人而异。

你对不幸的解读

不如意、压力巨大的事件或消极的问题在每个人身上都可能发生。然而对于悲观者和乐观者来说，尽管发生了相同的事情，他们对原因的认识却有很大差异。

悲观者在经历感到痛苦、悲伤和苦闷等情绪的消极情况时，总是倾向于将原因与自己的性格和弱点结合起来，唯恐不良状态会持续下去，并担心会不会影响自己生活的其他方面。

然而乐观的人尽管经历了相同的消极情况，或许也会感到痛苦难熬，但是很少因自责的念头和担忧的倾向而苦恼，也很少长期陷在失落感中。结果便是，这些人很快就会复原。

例如，有一个非常重要的约会眼看就要迟到了，你十分焦虑。这个时候又赶上地铁因为发生事故而延迟，等待出租车的队伍又很长，一时半会打不到车。这是日常生活中经常出现的小逆境。这个时候，如果你反复以悲观的解读方式认识这种情况，只会激化焦虑和不安，减少随机应变的灵活性。

在经历逆境之时，悲观者会从以下三个方面对其进行解读。

- **分析事件发生的原因**
- **预测其未来影响力的长短**
- **预测其未来影响力的大小**

而且，根据研究结果可知，对不幸之事的这三方面解读，乐观者和悲观者之间的差异可谓巨大。

要点

乐观者和悲观者在不幸事件发生时的解读方式各不相同。

悲观者的看法

请试着想象一下不顺心的事发生时的情景吧。如果你认为这件事的原因在自己，并感到自责，你便在进行向内的解读。

此外，如果你始终认为发生过一次的不幸之事，以后肯定会接连发生，甚至会夸张地认为情形会继续恶化的话，那就是在践行悲观解读方式的三个方面。

另一方面，乐观者对相同的事件却有着不同的解读方法。

即使失败了或者出现了麻烦，乐观者也不会狭隘地将其归咎于自己，而会考虑其他相关人员和环境，会拥有更广阔的、向外的解读方法。他们还会认为，不幸之事不会无缘无故持续下去，会认为不幸只会偶尔发生。他们不会做出无限扩大化的解读，更会认为问题的影响力不至于波及其他事物。

要点

悲观者倾向于认为不幸之事的原因是内在、持续、扩散的。

＜不顺心的事情发生的时候＞

悲观者　　　　　　　　　　　　　乐观者

"都是我的错"　　　**VS**　　　"原因有很多"
（向内）　　　　　　　　　　　　（向外）

"不幸的事会持续"　**VS**　　　"只是偶尔发生的"
（持续性）　　　　　　　　　　　（暂时性）

"不幸之事会扩散"　**VS**　　　"仅限这件事而已"
（扩大解释）　　　　　　　　　　（限定解释）

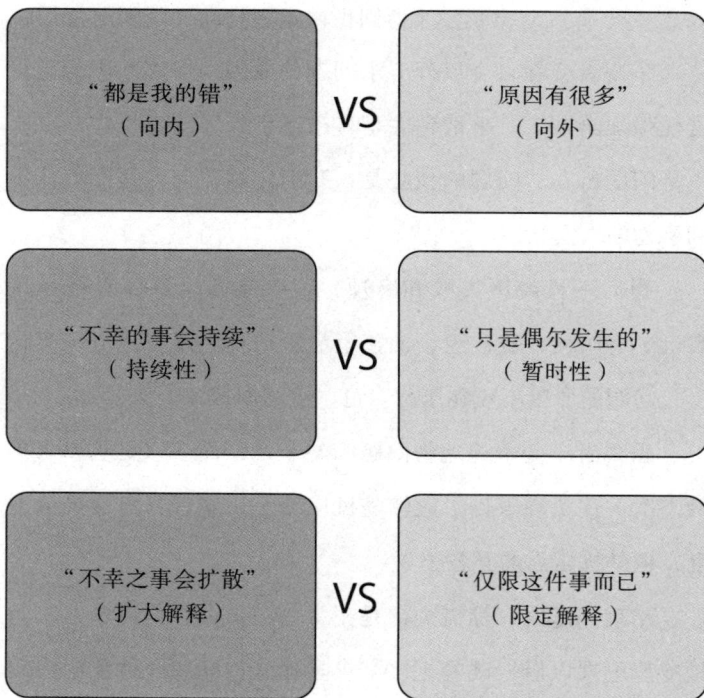

参考资料：《活出最乐观的自己》，马丁·塞利格曼著。

解读方式的差异

过度自责的思维定式

上文分析了悲观者和乐观者解读方式的差异。这里需要注意一点 —— 对事物发生原因做向内还是向外判断的差异。

乐观者会在自身以外寻求问题的原因，但这并不是指将责任强加给别人。事情到底是自己还是外界的责任这一点并不是问题所在，问题的核心是，我们能够在何种程度上认识到事物的真实状态。

我们一旦经历失败和麻烦，就会倾向于认为责任在于自己。有时候，我们也会向孩子灌输这种思维方式。但实际上，问题的原因不仅在于你自己，更多时候来自外界。

乐观者不会单纯地将问题归咎于谁，而会以更实事求是的态度关注负面事件。能够随机应变是乐观者具备的灵活态度，也是抗压力的必备要素。

出现问题时，惊慌失措是正常的，自责也无可厚非，但是冷静下来以后，试着更实事求是地看待问题，就能明白问题的出现与多种原因密切相关。到了这时，解决问题的过程才真正开始。过度自责的念头只会让当事人十分痛苦，不会产生任何有意义的效果。

悲观者 乐观者

"都是我的错"
（向内）

VS

"原因有很多"
（向外）

自责的念头强烈到超过事实 持有正确、实际的见解

100%
自己

▶

50%
环境

25%
自己

25%
他人

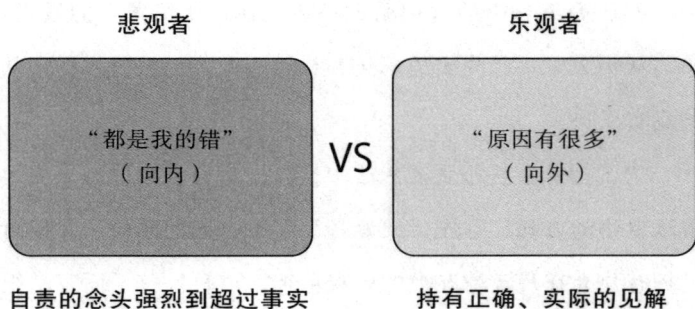

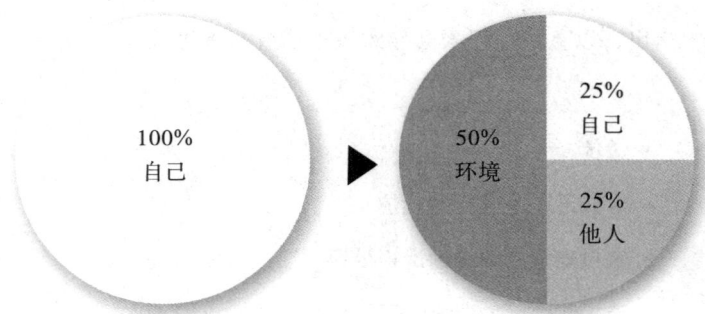

对原因的不同看法

孩子产生悲观想法的原因

抗压力练习中的这种乐观是建立在现实情况上的乐观，它与认为未来一片光明的乐天派想法不同，而是对事物现状的真实反映。

为了把孩子从悲观的想法中拯救出来，教给他们乐观地解读事物的方式，首先，父母必须了解自己的倾向。父母自己拥有建立在现实情况上的乐观精神，对教育孩子而言是很重要的。

塞利格曼在《教出乐观的孩子》（ *The Optimistic Child* ）中指出，以下四种因素会导致孩子形成悲观思维。

- **遗传**
- **对父母悲观言行的模仿**
- **来自老师或教练的消极批评**
- **带来无力感的消极经历**

第一个因素是遗传。会受到父母遗传的不仅是智商和身高，还有乐观和悲观，这一事实是我们不能忽视的。只是乐观或悲观的遗传性比智商低一些，据称是 50% 以下。

第二个因素是模仿。父母如果经常使用悲观的口头禅，孩子就会模仿。父母如果持有容易放弃的态度，孩子也会效仿，而失去了磨炼忍耐力的机会。

我们经常遇到各种不顺，比如，悲观的爸爸开车时遇到堵车，可能会说："糟糕，走错路了。看起来动不了了，我们要迟到了。"悲观的妈妈和好友发生矛盾，发牢骚说："我俩就算和好了，这个结估计也解不开了。"于是，时刻关注父母言行的孩子在无意识之间就从父母身上学到了对事件的悲观解读方式。

第三个因素是老师或教练的消极批评。在学校或运动场上，老师或者体育教练在指导孩子的时候，如果使用了过于消极的语气和用词，有时候也会让孩子变得悲观。从这个意义上说，我认为，为孩子选择乐观的老师或教练也是父母的职责。

第四个因素是消极经历，例如和亲人或宠物的生离死别。这些是自己无力改变的现实经历，所以很难摆脱悲观影响。

但在这些因素中，影响最大的还是父母。父母如果有心，可以有意识地改变自己悲观的口头禅和态度。想培养孩子的乐观性，父母需要先改变自己。

要点

有四个因素会导致孩子形成悲观思维。这其中父母的言行影响最大，不可忽视。

明确自身倾向的练习

在此，我准备了帮助父母确定自身倾向的练习（第 159 页）。这个练习夫妻一起进行效果更好。

我们平时很少会意识到自己的解读方式是怎样的，而通过回答提问，我们能更好地了解自己更倾向于乐观还是悲观。

首先，我们要问自己："最近发生了什么烦心事？"公司的事情也好，家庭的事情也罢，请写下在听到问题的那一瞬间脑海中浮现的事情。

其次，问自己："我在内心如何解读这次事件的原因？"请写下原因，然后将自己的解读方式与练习中给出的项目做比较。

我的逆境经历① —— 投资失利

我以我自身的逆境经历为例，示范如何进行上面的练习。

第一个逆境是投资印度股票失利。

那是我在宝洁公司工作的时候，一个偶然机会，一位来自印度的财务经理对我低声说："久世先生，接下来印度股票

3分钟父母练习

⓮ 明确自身倾向

最近发生了什么烦心事？

我在内心如何解读这次事件的原因？

请确认你的答案符合以下哪些情况。

☐

"都是我的错"

→ 向内

☐

"原因有很多"

→ 向外

☐

"不幸的事会持续"

→ 持续性

☐

"只是偶尔发生的"

→ 暂时性

☐

"不幸的事会扩散"

→ 扩大解释

☐

"仅限这件事而已"

→ 限定解释

※ 如果答案更符合左侧的解读，说明你具有更悲观的倾向。
※ 如果答案更符合右侧的解读，说明你具有更乐观的倾向。

肯定会涨的，所以最好趁早买入一些。"

现为投资银行的高盛证券公司（Goldman Sachs），当时发表了一篇关于"金砖四国"的报告。报告认为，巴西、俄罗斯、印度和中国这四个人口在 1 亿以上的国家接下来经济会有急速发展，这在当时成了热门话题。

单纯的我对深谙印度当地经济情况的同事的话深信不疑，便买了印度的股票。我坚信，可靠的财务经理的建议肯定没有问题。然而，印度的股票几乎都没怎么涨过。在当时的印度，对城市基础设施的投资滞后，电力不足，再加上管制过多，海外的直接投资迟迟发展不了，和中国相比，发展速度迟缓。

在那之后，又发生了雷曼兄弟银行倒闭事件，我为了减轻损失，不得不放弃了这条路。在抛售掉那些股票的那一瞬间，我在心里这样想："同事向我推荐的时候那样自信，这么看来，错的是信任他而买进股票的我。股票投资其实就是场赌博，不是外行人应该涉足的领域。"

该如何用上文中的练习来解读这次事件呢？首先，我将这次股市失利的原因认定为自己的错误，也就是内在原因。此外，我认为股票投资如同赌博，这种不幸发生一次之后，还会发生第二次的。

我就这样进行了悲观的解读。

我的逆境经历② ——原因不明的头疼

第二个例子是关于我自己身体健康的。

身体上的疼痛和疾病状态如果长期持续，会让我们变得谨小慎微。即便是平时会乐观考虑事情的人，一旦健康状况恶化，有时也会变得悲观。

我的情况并不是身体有疾病，而是在某一个时期频繁头疼，那是一个止痛药不离手的时期。头一疼，不仅不能集中精力工作，还会情绪低落，以致人际关系都发生问题。那个时候，我脑中反复出现的解读方式是这样的："头疼得这么严重，可能是大脑或身体什么地方出问题了吧。我不仅有偏头痛，疼痛还扩展到了其他地方。这样下去，我以后可能会离不开止痛药了。"

参考上文的练习，这种解读方式也是十分悲观的。首先，我将头疼的原因认定为"大脑某处出现了什么问题"这个"向内"的原因。并有了一种"疼痛有可能会转移到大脑和身体其他部位"的"扩大解释"的想法，更是做出了"将来会一直被头疼困扰"这个持续性的预测。

持续头疼让我对未来充满了消极的看法。

<159～160页回答示例>

示例 1

❶ 听从同事的建议，买了印度股票，结果亏了一笔。

❷ 对印度同事的话深信不疑，认为错的是信任他而买进股票的我。股票投资其实就是场赌博，不是外行人应该涉足的领域。

❸ "都是我的错"（向内）
"不幸的事会持续"（持续性）

示例 2

❶ 持续头疼，药不离手。

❷ 头疼得这么严重，可能是大脑或身体什么地方出问题了吧。我不仅有偏头痛，疼痛还扩展到了其他地方。这样下去，我以后可能会离不开止痛药了。

❸ "都是我的错"（向内）
"不幸的事会持续"（持续性）
"不幸的事会扩散"（扩大解释）

不只探寻内因，也寻求外因

事实上，如今我已经不再受头疼的困扰了。并不是说在那之后我一次都没有疼过，而是我可以乐观地告诉自己，头疼是可以控制的。

首先，我改变了将头疼原因归咎于内在的想法，试着用"一定有什么外在原因"这样的思路考虑问题。

那个时候，我妻子介绍给我一本书，是五木宽之的畅销书《养生技巧：必须有强壮的身体》（角川书店）。

五木宽之先生曾经患有严重的偏头痛，据说一个月会有2～3次非常严重的发作。然而，有一次他发现，自己的偏头痛与低气压环境有关。气压下降的雨前正是这种情况，这时就会出现偏头痛的现象。也许几个小时以前天空还十分晴朗，令人神清气爽，几个小时后忽然乌云密布，那么他的偏头痛几乎一定会发作。

因此，只要发现了头疼的征兆，就能够对其有所准备，例如尽量控制工作，尽快调整时间表，保证充分睡眠等。其结果是，慢性病也能够得到很好的控制。

与气压的影响相比，我头疼的情况好像受月亮圆缺变化的影响更大一些。我发现了一个循环：在满月的数日前，我的脑袋深处便开始一阵阵地疼，在满月前一天达到顶峰，而在满月那一天之后，疼痛开始慢慢减弱。

我明白了病因，感觉病就像好了一半，心情也轻松了许多。我发现头疼的原因是自然因素这种外在事物，其发作也是暂时性的，便从烦恼中解脱出来了。

直到今天，我的头偶尔还会疼，然而在临近满月之时我会特别注意，即使感到疼痛，我只要认为"过了这段时间就好了"，便不再对头疼抱有悲观情绪，而能现实地去应对它。

将失败看作特例

前文中，我介绍了自己炒股失败的例子。经济损失容易让我们变得悲观。专业的投资者和操盘手也会受到乐观和悲观心态的影响。他们有时会因为过于乐观而过多买入股票，蒙受损失，有时候又变得过于悲观而急于抛售，无法获利。

我因为印度公司的股票而蒙受损失之时，如果能冷静下来考虑，或许会更现实地想："这是一次特殊经历。如果我买的是可供参考的信息更多的日本国内企业股票的话，也许不会出现这样的结果。"这种冷静思考的结果是，我会基于"尽量不买缺少可靠信息的发展中国家的股票"这样合理的判断而行动。

但是，一旦直面经济损失这种"失败"，我便头脑中一阵空白，完全停止了思考，无法冷静地看待问题。在失败的打击下，我对问题的看法会变得夸张，也就是说，具有了"扩大解释"的倾向。

对不幸之事扩大解释的人，不知道该怎样就事论事地寻求失败的原因，他们会对个别案例进行消极、夸张的解读，从而陷入僵局。这与抑郁症重症患者的思考方式有些相似。

反复思考事情不顺利的原因，只会加剧不安和担忧。不久后，我们便会在内心中将消极的想象扩大化，并认为情况会恶化下去。

反过来，即使失败了也不过分悲观，能够就事论事地思考问题，便有可能将令人懊恼的失败解读为"为规避未来风险做准备的经历"。只要充分吸取失败的经验教训，便有可能在下次获得成功。这种乐观心态对想提升抗压力的人来说是很重要的资质。

要点

经济损失让我们丧失冷静，变得悲观。就是在这种时候，我们不应该陷入悲观的恶性循环，而是要就事论事地考虑和解决问题。

以中间心态对待健康问题

对于大多数人都无法预料的健康前景，我们往往容易变得悲观。如果是关于自己的孩子的健康，这种倾向会更加明显。

孩子咳嗽一下，父母就会想"是不是感冒了"，马上喂孩子吃药；孩子一有发烧的迹象，就带孩子去医院。这不是坏事，但是父母太容易悲观，对孩子过度保护的话，可能反而会影响孩子的健康。

另一方面，父母对自己的健康过于乐观，也会成为问题。

这种过于乐观的倾向在年轻时擅长体育运动、对自己的身体和健康充满自信的男性身上更明显。就算因为忙碌和工作压力而身心俱疲，这类人也可能忽视健康预警信号，疏于定期体检。小病忽视、大病硬撑的结果便是健康受损。

在工作和生活中累积的压力会给身心带来不可忽视的强烈冲击。而且，随着年龄增长，身体的各项生理机能都逐渐老化，人很容易变得疲倦。有些人不能把握自己的现实状态，有时会过度乐观。

不仅仅是健康，在工作决策、夫妻关系和亲子教育等方面，不切实际的乐观心态有时候会导致意想不到的问题出现，因此有必要注意。

　　对自己和家人的健康问题，我们往往容易变得悲观。这时才更应该以均衡、现实的乐观心态正确对待它。

避免导致孩子悲观的教育方法

　　我们经常会悲观地为问题寻找原因。很多时候，这种行为是在头脑中通过自省进行的，在有话直说的家庭里，父母有时也会在孩子面前做出这样的行为。

　　父母训斥由于某些原因失败的孩子的时候，可能会火冒三丈，十分激动，说出悲观的话。这是因为孩子没能满足父母的期待，令父母非常失望，焦虑不安，因此在不经意间使用了严厉的话语，将无处安放的情绪发泄到孩子身上。

　　我准备了父母可以进行的练习（第 170 页），来避免这种让悲观心态在孩子心中扎根的行为。请回想一下，最近你有哪些因为孩子的失误或失败而发火的情况，并进行练习。

　　在这项练习中，我们会采用第二章中介绍过的思维定式犬的概念。我们内心中住着某些思维定式犬，它们在某个契机的刺激下便会吠叫起来，从而导致愤怒和焦虑等消极情绪的产生。

在这种情况下，孩子的失败和麻烦成为导火索，导致父母的思维定式犬觉醒并吠叫起来。在多种思维定式犬中，我们最应该留意的是"批评犬""忧虑犬""放弃犬"三只。

要点 ————————————————————

在训斥孩子的时候，请注意不要使用悲观的措辞，这可能导致孩子产生悲观心态。

————————————————————

过去经历的折射

接下来我想讲一个实例。

一位爸爸在换手机的时候，把旧的苹果手机给了孩子，因为孩子表示学校里的同伴都在用。父母和孩子做了一些使用方面的约定，比如要用来联络父母，在学校里不许用，不许安装收费的应用，等等。然而一到周末，只要有时间，孩子就会沉溺在手机游戏之中，看到孩子这个样子，父母非常担忧。电视上经常会有青少年玩手机上瘾的专题，父母非常后悔，觉得是不是太早给孩子手机了。

3分钟父母练习

⑮ 避免导致孩子悲观的教育方法

❶ 你使用怎样的话训斥过孩子？

❷ 发现自己的思维定式犬

判断自己内心的思维定式犬是否在吠叫。

☐ **批评犬**　·骂孩子"你就是没用"。
　　　　　　·不分青红皂白地骂孩子"都是你的错"，导致孩子自责。

☐ **忧虑犬**　·骂孩子"这点事都做不好，你还有什么能耐"。
　　　　　　·骂孩子"只会更差"，夸张事态。

☐ **放弃犬**　·说"下次也照样会失败"，认为消极情况会持续。
　　　　　　·在接受挑战前就否定孩子，说"你做不到的"。

❸ 挑战思维定式犬

终结思维定式犬的吠叫。

< 批评犬 >

真的是孩子本身的错吗？

□ 是　　　　　□ 否

< 忧虑犬 >

后果真有那么严重吗？

□ 是　　　　　□ 否

< 放弃犬 >

下次真的会失败吗？

□ 是　　　　　□ 否

其实没有
那么糟吧

　　暑假的时候，看到孩子在客厅兴致勃勃地玩手机，爸爸问他："作业做完了吗？"他头也没抬地回答："还没。"看到孩子这样的态度，爸爸非常恼火，不由得火冒三丈，对孩子大吼道："你是不是因为玩手机把做作业的时间都占了？！"

　　尽管如此，孩子仍旧没有立刻停止玩游戏，看到这个情景，爸爸责骂孩子说："再这样下去，你会变成一个手机上瘾的废物。"

　　让我们利用前文的练习试着回顾一下这个案例。

　　在爸爸心中吠叫的是"批评犬"，它在喊"不认真写作业的孩子不是好孩子"，这是爸爸变得焦躁和愤怒的原因。

　　关于这只批评犬吠叫的内容，我认为的确是孩子的态度有问题，父母也的确应该指出这一点。但是，"这样继续下去的话会对手机上瘾"的想法是由另一只思维定式犬——"忧虑犬"导致的。

　　如果反问一句"后果真的会如此严重吗"，这位爸爸就会发现自己陷入了一种小题大做、扩大解释的悲观主义想法中。回答是否定的。他是在往"这样继续下去会出问题的"这个消极方向扩大解释。

　　事实上，那位爸爸脑中依然留有自己小时候沉迷于电子游戏时被父母责骂的阴影，那时的责骂方式和悲观心态在不知不觉间印在了爸爸心中。

<170页回答示例 >

❶ 你是不是因为玩手机把做作业的时间都占了？！
再这样下去，你会变成一个手机上瘾的废物。

❷ 批评犬
忧虑犬

❸ 批评犬的情况　　是
忧虑犬的情况　　否

无论过了多久，看到孩子沉浸于手机中的样子，这位爸爸都会回想起童年受到的责骂。

缓解孩子不安情绪的方法

接下来要介绍的是当孩子在学校和生活中变得不安、悲观时父母的应对方式。我将在这里介绍一项练习（第176页），它的目的是缓解悲观带来的不安情绪。

假设孩子从课外辅导班赶回家的时候情绪很低落，便到了应用这个方法的时候。

第一步是"发现"。

父母可以用让人感到体贴的态度轻声问一句"怎么了"。如果此时孩子会与父母分享自己的不安和烦恼，父母要试着忍住想第一时间解决问题的冲动，对孩子不安的情绪表现出一些共鸣。哪怕是"你说，妈妈在听"这样一句话，也会让孩子感到开心，明白父母是关心自己的。

第二步是"安抚"，这是平复不安的一步。

这里推荐两句特别有效的回应方式："没关系"和"随它去吧"。父母对孩子说一句"没关系"，孩子自言自语一句"随它去吧"，便会起到让不安消散的作用。

第三步是将不安感"推迟"。

不安情绪源于"将来会发生不好的事"这一想法。如果压抑这个想法和情绪，它反而会越来越强烈。因此，要一面接受这个想法，一面"延后感受"，将其推迟。

例如，孩子如果无法从不安感中解脱，试着给孩子一个提议："等你洗完澡再来担心这件事吧。"

强行叫停不安情绪会造成情绪压抑，并会导致情绪的反弹和反复发作，但是如果用洗完澡再考虑的方式推迟感受的时机，情绪的强度和牢固程度会有所减弱。何况孩子是很容易忘事的，在洗澡的时候，不安可能就消失了。

要点

要缓解孩子的不安，首先要体贴地观察发现，接着让孩子平静下来，最后将不安情绪推迟。这三步是很有效的。

将过度悲观的孩子拉回现实的技巧

当孩子变得过度悲观的时候，有一个非常有用的练习（第 178 页），类似成年人将负面事件小题大做而陷入思考僵

3分钟亲子练习

⓰ 应对不安

目的 在孩子感到不安的时候，起到缓解作用。

发现 （以体贴的态度问） "怎么了"	表现与孩子产生共鸣，并做笔记 ＜笔记＞

安抚 "没关系" "随它去吧"	缓和孩子不安的情绪 询问孩子心情如何了 ＜笔记＞

推迟 推迟到什么时候？	设定一个时间，将不安感延后处理 ＜笔记＞

局时的处理方式。你也许会觉得"这种游戏一样的东西有效果吗"，但是请和孩子一起试一下。

对于习惯将负面事件小题大做的孩子来说，这是让他们回到建立在现实上的乐观的一个非常有效的技巧。例如，孩子出乎意料地考砸了，自暴自弃地想"我真没用"的时候，请尝试回答以下这些提问。

第一步是"想象最坏的情况"。

问问孩子如果担心成真的话会怎样，一脸忧郁的孩子会给出悲观的答案，那么你继续追问"接下来会发生什么""再之后呢"，让孩子考虑最坏的情况。

第二步是反过来"思考最好的情况"。

问孩子，如果把目前的担忧放到一边，考虑一下最理想的情况会是什么样的。孩子不一定能立刻给出答案，但可以让他思考一下，慢慢转换心情。如果孩子给出了答案，可以继续追问"还能更好吗"，继续向更好的结果考虑。

第三步是"考虑可能的情况"。

这一步处于最坏和最好的情况之间。为了让孩子从现实的角度思考问题，父母要问的是："那么为了应对这种情况，现在我们能做什么？"

3分钟亲子练习

⑰ 避免夸张

目的 孩子变得过于悲观时，父母要帮助他们回到现实中来思考问题。

最坏的情况

担心的情况成真会
怎样？

接下来会发生什么事？

之后呢？

| 让孩子想象最坏的后果
<笔记>

最好的情况

理想的情况是什么
样的？

继续下去呢？

之后会怎样？

让孩子想象理想的情况
<笔记>

可能的情况

最可能发生的情况是
怎样的？

现在我们能做些什么
来应对它？

让孩子想象现实的情况和必要的行动
<笔记>

要点

孩子将不好的事情夸大化的时候，让他想象"最坏的情况"和"最好的情况"，然后回到"可能的情况"，产生理性的想法。

第五章

提高人际关系的质量

父母是孩子最强大的支持者

你的孩子因为学习成绩或人际关系而苦恼的时候会不会和你谈心？作为父母，你看到孩子烦闷时能否体贴地对待孩子？

抗压力强的孩子的一个特点就是，在困难的时候，有人可以为他们的内心提供支撑，这让他们可以通过沟通来战胜逆境。这被称为"社会性支持"。

对孩子来说，最大的支持莫过于父母的。父母是孩子遇到问题时最强大的内心支撑。如果孩子在为处理不好同学关系而苦恼以及感到不安的时候，习惯一个人扛着而无法和父母商量的话，那么父母就没有对孩子起到支持作用。

孩子如果在这种情况下长大成人，就会变得不善于向他人求助。如果缺乏寻求帮助的能力，陷入逆境时就会很麻烦，人更容易变得脆弱。

如果想培养抗压的孩子，父母能够做的就是成为孩子最大的支持者。有事发生时，第一时间提供帮助，站在孩子这一边，能够与孩子坦诚地沟通。能够达到这种目标的亲子关系，是培养孩子抗压力的必要条件。

然而，很多家庭中都存在亲子关系淡薄的问题。同在一个屋檐下居住的家人，却没有良好、和睦的关系。父母有工作也有应酬，每天十分忙碌，孩子也上着大量课外补习班，一家人极少聚在餐桌前，自己吃自己的成为常态。

现在的社会，一家人围坐在起居室里其乐融融的时间越来越少了。如今的家庭生活方式是，家庭成员各自看着电脑、平板电脑和手机屏幕，沉浸在自己的娱乐之中，周末也都分别按照个人喜好单独行动。

在这样的家庭里，家人之间的情感联系会变得越来越淡薄。缺少亲情纽带的家庭的特点是，亲子和夫妻之间无法进行有效交流。家庭成员之间互不关心，因此容易产生琐碎的问题，积累愤怒和不满等负面情绪，从而爆发争吵。结果就是，家人之间的关系变得非常僵，父母和孩子都不愿意待在家里，而是经常外出。这种情况反复出现的话，就会形成恶性循环。

培养抗压孩子所必需的是高质量的亲子关系。

要点

培养具备抗压力的孩子所必需的是高质量的亲子关系。

加深亲子纽带的必要性

情感纽带薄弱的问题，在孩子与同龄人的交往中很常见，这是一所公立学校的教导主任告诉我的。

这所学校的校长和教导主任认为，"同龄孩子之间的情感纽带"是一个值得关注的重要问题。学生之间不仅横向联系很少，与前后辈的纵向联系也几乎没有。他们看到孩子们在学校里的状况，对这种人际冷漠情形非常担忧。

这种情况在放学之后也没有得到改善。以前的孩子会在公园或校园里和同伴进行体育活动，或一起享受桌游的快乐，但是现在，越来越多的孩子在放学后便对着游戏机和手机，独享自己喜欢的电子游戏。他们即使在同一个房间里也不进行交流，其中有些孩子只会在游戏的虚拟世界里与同伴进行沟通。

这会导致孩子们缺乏处理人际关系的经验，在意见相左、出现纠纷的时候就无法妥善地应对。这样的孩子也十分不擅长情绪调节，有时候会出现极端反应，要么什么都不说，压抑自己的感情，要么容易怒气爆发。

与朋友的情感纽带变弱以后，孩子的内心也会变得脆弱，更容易受伤，因为在紧急时刻，他们无法向朋友求救。遇到烦恼时，连个可以倾诉的朋友都没有。

这所学校的校长和教导主任非常担心，这样下去的话，孩子在面对逆境时，可能会失去从艰难状态中恢复的能力。如果缺乏编织人际关系网、理解自我和他人以及交流沟通的能力，很多孩子最后可能会早早离开学校。但如果不具备与人在现实世界中交往的经验，在这种情况下走入社会和职场，职业发展也会受到相当大的限制。

事实上，近年来，我总会听到年轻职员与前辈和上司相处不顺利的案例，职场中同事间的感情联系也十分淡薄。例如，由于 IT 技术的进步，与面对面的工作相比，通过网络联系的工作在不断增加。特别是年轻一代，与面对面型交流相比，他们更习惯电子邮件和聊天软件等非面对面型交流方式。很多年轻人懒得与人面对面对话。

我担任讲师的咨询项目中，有位年过四旬的课长苦笑着叹气说："我们公司的一名新职员明明就坐在我旁边，有什么事情却只会发电子邮件给我，从不直接跟我搭话。"

　　这样做的话，这名职员就无法与上司发展高质量的人际关系。一旦出现问题，可能无法顺畅地进行沟通，甚至可能造成误解。

　　现在的孩子所处的环境中，发展现实人际关系的机会在减少。但是，人与人的关系是抗压力的基础，也是幸福的源泉。为了孩子在精神上更加坚强，度过幸福的人生，父母必须培养孩子发展良好人际关系的能力。而实现上述目标的基础就是亲子之间高质量的情感纽带。

要点

　　现在的孩子体验的人际情感联系越来越淡薄，正是因为这样，发展高质量的亲子关系格外重要。

社会性支持者的理想人数

　　从成为自己内心支撑的人那里获得社会性支持，对抗压力而言非常重要。和支持者之间形成高质量的情感纽带后，遇到问题时不仅可以更有效地获得支持，还能尽快从情绪低谷中恢复。

　　我们很难独自走过艰难时刻，寻求他人的帮助是有必要的。然而，有的人却缺乏这种能给自己内心支撑的对象。我曾经写过，当自己陷入逆境之时，能够向其倾诉或寻求帮助的支持者的理想人数是五个。但别说五个人了，有的人连一个人的名字都无法举出。

　　或许很多人是带着"即使有困难，也要靠一己之力设法渡过难关"这样强烈的自尊心走过来的，不想求助于他人的情绪十分强烈。这样做的结果就是，他们无论如何都要独自硬撑，哪怕面对困难也不去找任何人商量。

　　乍一看，这似乎是个合理的选择，但是从抗压力的角度看是很危险的行为，因为在遇到重大问题的时候，我们实际上经常无法独自承担。在没有任何可靠支持者的情况下，我们可能无法走过逆境，内心会在一瞬间分崩离析。

　　而且，认为可以靠自己的力量战胜逆境，是对自己太过自信。我认为，持有这种想法的人可能没有经历过足够的挫折。我以前也是如此，自负地认为自己可以解决任何事情，丝毫没有去寻找支持者的打算。因此，我在经历自己无论如何也无法独自挺过的危机时刻时，内心几乎崩溃，差点陷入抑郁症的旋涡。因为有了这样的经历，我可以平静地告诉你，至少要寻找五位可以在危难时刻支持你的人。

要点

拥有在逆境中成为你内心支撑的五个人，是抗压力的基础。这些人也可以成为你和孩子的绝好榜样。

回顾过往经历，筛选支持者

我在为课长级员工提供培训的时候，曾经遇到一位想不出自己支持者人选的老年职员。他对这件事也显得很厌烦，说："我一直以来都靠着自己的努力教育孩子，养家糊口，从来没考虑过自己的支持者这个概念。对公司，我也没有指望太多。我的母亲或许是我的支持者，但其他人我就想不出来了……"

这种情况不一定很少见。有很多人都没有考虑过支持者的问题，这种情况可能与日本人独特的性情有关。大部分人对与人商量、请求帮助一事望而却步，因为他们在意寻求帮助会给他人添麻烦。

相反，很多其他国家的人则十分擅长寻求他人的帮助，这可能是因为他们从小就习惯寻求他人的帮助。事实上，他们可以说是擅长获得帮助的。

　　我的一位英国女性朋友，习惯一有烦心事和麻烦事就随意地去拜访自己的咨询师，与其谈心。我在宝洁公司遇到的大部分高管都会以公司内的前辈为导师，定期与其进行对话。我的一位印度同事表示，在他的家族里一定有一位可以依靠的人，无论是孩子的出路还是大人的转行，当家里人遇到人生转折点时，必定会向他请教。另一位美国友人但凡有烦心事就会立刻与配偶坦诚地进行讨论；相互间不隐瞒任何事是他们夫妻的相处之道。

　　这些人有着同样的理念：我们认为自己的确具有一定的力量，但如果有了他人的帮助，我们就可以完成自己无法单独做到的事，烦心事也能够得到解决。因此，无须犹豫，他们只需要信任支持者，向其寻求帮助。

　　现在，想想你自己的情况，你是否有在困扰之时可以寻求帮助或倾诉烦恼的支持者？请通过 192 页的"3 分钟父母练习"，整理你可能的支持者。

　　这种练习的目的在于回顾自己过去战胜困难的时期，重新认识给予自己内心支持的人，并在未来遇到问题时寻求他们的帮助。另外，如果意识到自己的支持者的人数不够，要立刻探寻能够成为自己支持者的人选。

　　支持者的身份并不重要，你需要主观地选择。自己的家人和朋友、职场上的上司和同事、过去栽培过自己的恩师、熟悉的医生和医院里照顾过自己的护士、教练、心理咨询师、律师和会计等都是可以考虑的人选。有些时候，你的孩子也会成为你内心的支撑。甚至是已经逝去的故人、令你深受感动的书的作者，都可以成为你的支持者，在逆境中支撑你的内心世界。

要点

　　你可以通过回忆自己过去战胜逆境时为自己内心提供支撑的人，找到你的支持者。

高质量人际关系的特征

　　对你的孩子来说，最大的支持者莫过于作为父母的你们了。一般直到孩子离开家踏入社会为止，父母都是最强大、最好的支持。

　　父母与孩子拥有高质量的亲子关系，对培养孩子的抗压力而言十分重要。随着年龄的增加，人际关系可能会变得淡薄，在这种时候，高质量的亲子关系就会成为最大的财富。

　　那么，高质量的人际关系（high quality connection）是

3分钟父母练习

⑱ 寻找支持者

请回答以下提问，说出在你的困难时刻成为你的支持者的人。

在过去的困难经历中，你曾经得到过谁的帮助？

你遇到过通过严厉批评激励你的人吗？

你痛苦的时候，谁陪伴在你的左右便可以让你安心？

你内心即将崩溃之时，有谁同情你的烦恼，并能与你产生共鸣？

怎样的呢？

　　这个概念是美国密歇根大学商学院的工商管理学教授简·达顿（Jane Dutton）提出的。在全球化的严峻竞争环境中生存下来并发展壮大的企业组织里，都存在着高质量的人际关系。它有一个特征，那就是哪怕仅仅产生了一瞬间的联系，能量也会喷涌而出并被激活。也就是说，最微不足道的交流也会一下子让人振奋起来。如果能够拥有这样的亲子关系，岂不是很美妙吗？

　　而如果亲子关系质量低下，就像灰姑娘和继母的关系一样，孩子会失去精力和干劲，活力也会被消磨殆尽。

　　也许在亲子关系中，灰姑娘和继母类型的关系很少见，但在职场上是可以看到的。指责下属的不足之处、不停讽刺挖苦的上司对下属来说是像吸血鬼一般的存在，仅仅是和这样的上司一起工作，下属的精力和干劲就会被"吸光"。

　　自己所属的组织和团队中的人际交往质量如果很低，人们会感到非常痛苦，早点离开这样的团队才比较好。不然的话，工作效率也会很低。

　　而我与擅长建立高质量人际关系的同事们一起工作过，其中的代表人物就是任宝洁公司日本分公司社长的鲍勃·麦克唐纳（Bob McDonald）。他的确是能创造出高质量人际关系的好手。麦克唐纳的记忆力非比寻常，他能记住和自己有过交往的所有下属的名字，并能在下次碰面时迅速想起。

　　早上在电梯里遇到时，麦克唐纳总会跟我打招呼："久世先生，你好吗？"尽管他身居超过1000人规模的公司的高层，但他能脱口叫出只有一面之缘的员工的名字。当我在职工大会上向他提问时，他会说："久世先生，这真是一个不错的问题。"这个时刻，我不仅吃惊，更感动不已。我能感到能量从身体内部喷涌而出。

　　与我有相同经历的人还有很多，而且每个人都认为麦克唐纳是个名副其实的领袖，都愿意追随他。

　　麦克唐纳在完成日本分公司社长的任期后返回美国总公司，成为首席执行官，管理着宝洁公司8万亿日元的业务和14万职员。后来，他受到奥巴马的委任，成为管理着30万雇员的美国退伍军人事务部部长。

要点

　　迅速给交往双方灌注力量是高质量人际关系的特征。

高质量亲子关系的道路

我之所以认为亲子间拥有高质量的关系是非常重要的，不仅因为这种关系是抗压力的基础，而且因为它对忙碌的父母而言也并不难建立。

父母不需要花费很多时间，有时，反复体验某种简单、短暂的积极交往方式，就能创造良好的亲子关系。这样一来，就算是经常出差的爸爸或忙于工作的妈妈，也能找到努力的方向。

重要的是，父母要找到和孩子互动的机会并创造出高质量的亲子关系，互动的时长并不重要。此外，夫妻之间也要努力建立高质量的关系。拥有榜样的力量，孩子才能学会这项重要的技能。

那么，我们要如何建立高质量的亲子关系呢？请务必记住下面的三个关键词。

- **陪伴**
- **尊重**
- **信任**

第一个关键词是"陪伴"。这是当孩子需要父母的帮助的时候，父母要陪伴在孩子的身边。

高质量的亲子关系与日常生活息息相关。当孩子在学校生活或与朋友交往中受挫而烦恼的时候，如果父母能够适时地给予关怀和帮助，高质量的亲子关系便会产生。

去帮助身处困扰中的孩子时，陪伴是不可或缺的。人们在寻求帮助的时候，成为自己内心支撑的对象就在自己身边的事实便能起到抚慰心灵的作用。

当孩子烦恼的时候，如果父母只是从远方打电话过来，是无法为孩子提供真正的帮助的。与此相反，哪怕只有一点时间能陪在孩子身边，都是有用的。

父母的陪伴在孩子走出逆境的过程中非常有用。

曾有一位母亲告诉我，她上小学高年级的女儿有一个特别要好的朋友，但在从学校回家的路上，当两人分开之后，那位好朋友出车祸去世了。虽然没有目击现场，但这件事对她的女儿来说却是个重大的打击。那位母亲明白，自己不可能总在家里提起这件伤心事，但她也十分苦恼，不知道能为女儿做些什么。

这种经历对小学女生来说毫无疑问是一种逆境。如果这种经历成为心灵创伤，像电影画面一般在记忆中不停反复出现的话，父母应该带孩子去进行心理咨询。

不过作为父母，我们能为孩子做的最好的事便是关心孩子并陪伴他们。孩子或许会压抑痛苦和不安的消极情绪，努力不将其表露出来，因此不要让孩子一个人待在家里，尽量让孩子和父母互相能够看到彼此，从而突出父母的陪伴作用，我认为这是十分重要的。

要点

要想帮助孩子从烦恼和痛苦中解脱，父母需要做好陪伴孩子的工作。

尊重孩子

拥有高质量亲子关系的第二个关键词是"尊重"。

请换位思考一下，在和孩子交流的时候，孩子能否通过你的交流方式感到自己的价值？还是说，孩子会觉得比起自己，你更关心你的工作？如果孩子无法从父母处感受到尊重，那是因为父母没有给予孩子足够的尊重，轻视或忽视了孩子的存在。

例如，当你在家里打开邮箱查收邮件时，孩子拿着在学校做好的手工作品进来了，对你说："爸爸，这是我在学校做的，你看看。"你会怎么回应呢？是暂时停下敲击键盘的手，将身体转向孩子，看着孩子的眼睛和他对话，还是始终没有放下工作，不时一边瞥一眼电脑屏幕一边心不在焉地应付孩子？哪种态度表明了对孩子的尊重，一目了然。

说到缺乏尊重的关系，只要看看夫妻间的对话就自然而然明了：在早餐桌上一边看报纸一边敷衍了事地回答妻子问题的丈夫，沉浸在电视剧中随意回答丈夫提问的妻子。这些相处的态度，都会被孩子看在眼里，记在心上。

在家庭中对孩子缺乏尊重的人，在社会上也很可能无法构建高质量的人际关系。比如，有的人在会议中不看着发言者或交谈对象，只是盯着眼前的笔记本电脑。这样的人或许会辩解说："还没轮到我说话，我做点别的事不是更有效率吗？"但是很明显，这是对发言者或交谈对象非常不尊重的行为。

这种情况如果发生在公司里上下级之间的话，影响会更加明显。假设下属来到上司的办公桌前汇报或商量一项非常重要的工作。这个时候，上司如果不时瞟一眼手机的话，下属会怎么想呢？不仅心情安定不下来，还会感到自己没有被认真对待吧。

这是上司不尊重下属的表现。上司成了不好的榜样，让职场中的人际关系变得更加冷漠了。一旦将工作中缺乏尊重的人际关系常态化，就有可能让这种习惯不知不觉地渗透到家庭中。

无论是在夫妻还是亲子之间，对对方疏于关注、缺乏尊重这个问题都需要我们注意避免。

父母不关注想与父母商量事情并得到父母建议的孩子，这样的态度等于忽视孩子。正如第一章中的"安抚理论"所说的那样，忽视是让孩子自尊心大大降低的最糟糕的状态。

要点

与孩子互动时，对孩子的忽视、敷衍意味着不够尊重孩子，会削弱亲子关系。

银行账户余额增减般的信用值

构建高质量人际关系的第三个关键词是"信任"，也就是说，要创造一种有信任感的关系。

构筑亲子之间的信任关系时，诚信是非常重要的一点。"诚信"指的是一个人的言行一致。在家庭和职场上，"说到做到"就是诚信的表现。然而有的父母却"说到做不到"，要么看人下菜碟，要么承诺了却无法兑现。

特别是家庭环境与职场不同，在家里，父母的精神会松懈下来，因此有时候会忘记之前答应过孩子的事情。这些虽是小事，但是多次反复则会损害亲子之间的信任，所以有必要多加注意。

比如，爸爸曾经兴致勃勃地宣布，等暑假时要带一家人去夏威夷度假，然而之后却说"对不起，有工作要做，去不成了"，这就辜负了孩子的信任。突然要出差而不能参加对孩子而言重要的体育比赛这种情况，对父母而言是合情合理的，但站在孩子的立场上，是非常令人失望的。

在这方面，我曾经有个消极的失败例子。有一次，我们一家人去餐馆吃饭，我事先让儿子想点什么就点什么，但当他点了最贵的套餐时，我却反悔了，让孩子十分沮丧。这虽然是个微不足道的小事情，却是言行不一致的一个典型的例子。

还有些父母因为孩子总撒谎而烦恼不已。然而，孩子撒谎现象的背后也许是父母对孩子（或者夫妻之间）的不诚实，这对孩子造成了消极影响。

畅销书《高效能人士的七个习惯》（*The 7 Habits of Highly Effective People*）的作者史蒂芬·柯维（Stephen Covey）告诉我们，通过人际关系来积累信任，犹如往银行账户里存钱。我喜欢这个浅显易懂的比喻。

人与人之间的信任像银行账户的余额一样会不停增减。能遵守和他人的约定，举止诚实，信任账户里的余额就会增加；行为粗鲁无礼或者行动不诚实，信任账户里的余额就会减少。

可以说，良好的人际关系要依靠充足的信任余额来维持。教育孩子不也是一样的道理吗？

> 要点
>
> 与孩子建立高质量亲子关系的秘诀是信任。想要获得信任，诚实非常重要。

信任是双向的

我在工作的时候，有时候会心怀不满地想，为什么上司对我不能更信任一些呢？有时候，我还会对进行微观管理的上司心生焦虑："要是他更信任我，不要那么细致地监督我的工作，放心地交给我就好了。"

但是现在，我意识到原因在于我自己。我没有与上司构建一种信任关系，而且我自己都没有完全信任上司。事实上，我从未说过信任上司之类的话，也没有表明这样的态度。

这不仅限于职场中的上下级关系。在亲子关系中，父母有时候会因为不去信赖孩子而无法构建信任关系。然而，我们在期待获得某些东西的时候，首先需要自己先付出同样的东西。期望从孩子手中获得自己都没有付出的信任，注定是徒劳的。

付出信任是从他人那里获得信任的必要条件。如果想要信任，首先要给予对方信任。因此，如果希望孩子信任自己，父母首先要通过语言和行动表明对孩子的信任。在制定一些家庭规则的时候，正是表现对孩子的信任的良机。

- **制订暑期学习计划的时候**
- **按照孩子的意愿发展新兴趣和体育活动的时候**
- **决定在家里什么时候以及怎样玩游戏的时候**
- **决定门禁等规则的时候**
- **约定零花钱使用范围的时候**

制定这些规则的时候，要尊重孩子的意见，最后让孩子定夺。而且一旦决定好规则，便要信任孩子，全部交给他们去做。

　　作为家长，我经常产生替孩子决定的冲动。很多时候，这是因为我被想进行微观管理的念头驱使着。但父母如果全方位干涉孩子，只会体现对孩子的不信任。只有努力克制想要插手干涉的心情而实施"守望教育"，才能让信任账户里的余额增加。

　　对父母认为孩子无法战胜的挑战和问题，孩子如果感到了父母的信任，便有机会意外地找到解决方案并扭转逆境。孩子会失败也是很正常的，但是父母如果不用"果然还是不行"来打击孩子，而是用"下次再努力"来鼓励孩子，便能播下亲子间信任的种子。当这种互动形成习惯，你们就能构建高质量的亲子关系了。

要点

　　想与孩子构筑信任的关系，父母首先要信任孩子。

听到喜讯时的反应

　　心理学研究表明，决定一段关系好坏的是当听到对方的好消息，而不是坏消息时你如何反应。

我们从他人口中听到好消息或者成功事实时的反应大致分为四类。让我们用夫妻关于丈夫因为工作努力而得到加薪的对话来说明这个问题。

丈夫从公司回到家，喜笑颜开地说："我有一个喜讯。"听到加薪消息的妻子开心地说："真是辛苦了，恭喜你！今天晚上庆祝一下吧！"丈夫的幸福度因此而再次高涨，喜悦之情可能会持续到第二天。这叫作"积极建设性反应"，是最积极的回应。

但如果妻子很疲劳，有时候会说"哦，是吗"，而不会表现得很开心，这是"消极建设性反应"。丈夫不会得到鼓励，幸福度也不会持久。

此外，妻子如果存在悲观看待事物的倾向，有时会指出加薪的负面影响："但是工作可能会更辛苦，也会更常加班吧。"这样一来，丈夫就会意志消沉，幸福感也会下降。这被称为"积极否定反应"。

最后一种是无视丈夫话语的反应。有时妻子甚至会回答说："是吗，说起来今天孩子在学校很辛苦啊。"根据妻子心里的优先级，孩子在学校里遇到的问题比丈夫工资水平的地位更高。于是，丈夫期待妻子能够分享自己快乐的心情没有得到满足，不仅会失望，有时候还会感到愤怒。喜讯也有可能导致关系恶化。这种反应被称为"消极否定反应"。

在与孩子的交往中，父母要尽量主动使用"积极建设性反应"。然而，工作的压力和家务的劳累积累起来的话，父母不知不觉中可能会采取其他反应类型。

对孩子缺乏尊重的父母总会有例如"哦，是吗""但是……"这类消极反应。这些反应会降低亲子关系的质量，夺走孩子的活力。

上述心理学研究不仅对成年人的人际关系和夫妻关系有启示，对亲子关系也有参考作用。如果你和孩子的亲子关系不够好，那么也许你从孩子那里听到喜讯时的反应出了问题。

`要点`

父母对孩子喜讯的反应如何，决定亲子关系的质量如何。

寻找三件开心事

打听学校里发生的事情，是从孩子那里获知好消息的绝佳时机。在这个时候，如果能夸奖孩子、给孩子积极建设性反应的话，亲子关系会得到加深。

听到对方的喜讯和成功经历时，你的反应决定了你们的关系走向。

	积极	消极
建设性反应	"真是辛苦了，恭喜你！今天晚上庆祝一下吧！"	"哦，是吗。"
否定反应	"但是工作可能会更辛苦，也会更常加班吧。"	"这样啊，今天我可累死了。"

各类型反应

你的孩子会向你详细讲述学校里发生的事吗？

以东京大学在校学生为对象进行的问卷调查显示，根据小学时的经历，有 9 成人选择了"一回家就主动讲学校里的见闻""晚饭的时候会主动提起""父母问起的话会说"三种情况。在这些接受调查的东京大学学生中，回答"几乎不会讲学校的事"的人数只有千分之八，高频率亲子沟通的特征一目了然。

孩子如果发现父母也关注自己的学校生活，心情会非常愉悦。他们会感到父母在关心自己，从而自尊心也会得到提升。

一项心理学研究表明，听到开心事的时候，说"太好了"，每天坚持做三次积极建设性反应，幸福度会提高，抑郁症的发病率也会降低。

让孩子每天将在学校的经历讲给父母听的习惯是让孩子拥有幸福感、提升抗压力的绝好机会。210 页的"3 分钟亲子练习""找到三件开心事"是父母对孩子学校生活的问答演练。在进行这项练习时，父母要仔细倾听孩子的描述，结束之后告诉孩子："那真是太棒了。"帮助孩子回味事情进展顺利的喜悦和骄傲等积极情感，等他们充分感受完毕之后，再询问："还有其他开心事吗？"

要点

父母要养成帮助孩子寻找开心事的习惯。

确定练习场所

在这项练习的一开始，孩子也许不会马上想起学校的开心事。但这并不是因为在学校进展顺利的事情为零，可能只是因为孩子没有注意到而已。

严厉的老师过于期待孩子的成长，往往会关注孩子不足的一面并严厉地指出。如果老师在教室里问学生"请告诉我你觉得自己需要改善的地方"，学生会给出各种各样的回答，但如果问学生"请告诉我你的优点和让你感到在这个班里很幸福的经历"，学生可能答不上来。他们还不习惯在学校生活中留意开心的事。

一开始只能找到一件开心事也没有关系。父母和孩子可以一边享受乐趣一边继续这种练习，过几天以后，孩子必定会变得更善于寻找开心事。秘诀就是，父母要用围观比赛一样的心态对待这件事，听到好消息时，积极与孩子高兴的心情共鸣，最大限度地给孩子"太好了"这种积极建设性

3分钟亲子练习

⑲ 找到三件开心事

询问孩子在学校里的经历。

❶

❷

❸

反应。

我推荐在特定的场合进行这种练习，例如在晚饭餐桌上、孩子洗澡的时候或者陪孩子入睡的时候。当然，也可以在周末全家出行时进行。只要做了，就能产生效果。

要点

通过在特定场合进行寻找开心事的练习，可以简单地将其习惯化。

应付情绪低落的练习

另一个亲子练习是"体贴的关怀"（第213页）。这种方法在孩子有些疲倦或者情绪低落，也就是和一般状态不一样的时候特别有效。

有些孩子从小就被夸奖懂事，在长大后自尊心非常强，很让父母放心。但从另一方面来说，这种孩子也会有强烈的不想辜负父母期待的心情，即使遇到问题也不愿意开口，经常无法顺利地求助，而是自己独自承受。

这个时候，父母就需要给孩子体贴和关怀了。

研究认为，体贴可以通过三个部分来展示。

第一个是"留心"。首先要做的莫过于留意孩子的痛苦、困难、不安和烦恼。如果缺乏对孩子的关心，就无法开始这项练习。

第二个是"共鸣"。这一步需要父母感受孩子的心理痛苦和情感动摇，从而表达相同的情感反应。只是，要引起这种共鸣可能很难，特别是很多不擅于共情的男性，常常会将共鸣和怜悯混为一谈。

比如，晚上妻子过来找我，说："我遇到了一个麻烦，给你讲讲。"这时，我会下意识给她出主意。但其实妻子只是想向我倾诉，并不是来寻求建议的。结果就是，我的建议没有让她感到高兴，反而让她觉得我很冷漠。

所谓的怜悯，是对他人不幸的状况和痛苦表示悲伤和担忧的心情。一旦动了怜悯的心思，就会用居高临下的视角看待对方。很多时候，表达怜悯的人并没有恶意，但他／她的态度却会让对方火冒三丈。

亲子关系也是如此。体现关怀的姿态并不是处于居高临下视角的怜悯，而是与孩子处于同一视角的共鸣。从这个意义上说，坐在能够与孩子对视的高度，一边做着与孩子手牵手、抚摸背部等传达关怀的无条件的接触，一边体会孩子有什么样的感受，都是很重要的。

3分钟亲子练习

❷⓪ 体贴和关怀

应对孩子情绪低落的练习。

留心	＜笔记＞
（观察表情） "怎么了?"	

共鸣	＜笔记＞
（进行肢体接触） "感觉如何?"	

帮助	＜笔记＞
（以体贴的心情） "有什么能帮你的?"	

促成关怀的第三个部分是"帮助"。这是缓解对方心理、感情上伤痛的一种行为。关怀不能停留在感知孩子痛苦和烦恼并与其产生共鸣的层次，而要通过缓和其痛苦的行为才能最终实现。

体贴和关怀支撑孩子的内心

我 10 岁的女儿和大她 4 岁的哥哥在同一所国际学校上学。她周围的高年级女生的自尊心都非常强，特别能坚持自己的主张。我去课堂观摩的时候，发现教室里来自各个国家的学生都非常积极地发言，老师讲课的英语语速也很快。我对此十分吃惊。

然而，我女儿却不感到困难，好像也没有任何怨言，和班里的几个小团体都保持着不错的关系。不过，或许是因为在学校里总是十分紧张，有时在回家后，她会露出疲惫的表情。

当我们留意到女儿比平时情绪低落的时候，我妻子看着女儿的表情，一边担心地问："有什么事吗？"一边摸着她的头发，展现出了共情的态度。女儿就会静下来接受妈妈的抚摸，接着撒娇说："妈妈，给我充点儿电。"这时，妈妈就会进入第三部分"帮助"，紧紧地拥抱女儿。

要点

　　父母给予的体贴和关怀，可以成为孩子内心的支撑，让孩子安心。

结语　战胜逆境的强大武器

以上内容介绍了如何培养拥有强大内心、不会服输的抗压儿童。在本书的结尾，我需要强调的是，父母也要拥有抗压力。

父母每天要为工作、家务事和人际关系而忙碌，还要在压力之下培养孩子，对很多人来说，这样的生活常常会让人感到不堪重负。特别是在抚养第一个孩子的情况下，由于缺乏经验，父母总会遇到很多新问题，也经常会产生挫败感。

在培养孩子的过程中，父母不免会遇到各种逆境，但最终都会走出逆境。这是因为在父母的内心，充满了对孩子未来的期盼，这种希望支撑着父母一路走下去。

这意味着，在养育孩子的过程中遇到困难时，父母可以通过找回初心来战胜逆境。比如，回忆孩子刚出生时的幸福感、初次怀抱孩子时的感受、给孩子取名时的想法。怀抱这种感激的心情，无论在养育孩子的道路上遇到怎样的逆境，父母都会有动力战胜它们。

我们家有时会在晚餐的饭桌上讲述给孩子起名字的故事。我们会告诉孩子，为什么会选择这样的名字，是什么时候在什么地方起的，为什么选择这些字，对他们寄予了怎样的希望……无形中向孩子渗透了"你们让爸爸妈妈感到非常幸运"的心情。

这些故事，我们已经讲过不知道多少遍了，但孩子们都对自己名字的由来百听不厌。这一定是因为通过这个故事，孩子们感受到了父母无条件的爱，并能够再次明确自己是在父母的期盼下出生的。

终结结果至上的教育方式

一旦在教育中要面对的问题摆在眼前，不管多有经验的父母都可能产生焦虑和疲劳感，有时甚至会陷入自我否定之中。

父母对孩子的教育方法、学校选择或就业方向等方面感到迷茫时，倾听周围人的建议或是征求专家的意见是非常重要的。但是，父母最终还是要问问自己，究竟想把孩子教育成什么样的人，找回自己的初心。这就相当于在管理一家企业时重拾创业之初的理念。我认为，这是教育孩子时父母需要牢记的普遍真理。

你觉得，父母对孩子最初的期待会是在学校取得好成绩、在体育比赛中取得胜利、进入顶尖大学、就职于大型公司这样结果至上的类型吗？

在孩子出生时就开始考虑高考、就职这些事的父母不会有很多，大多数父母还是抱持着希望孩子能够幸福、健康、平安的愿望。

既然如此，那么就让我们放弃结果至上的教育方式吧。

的确，在踏入社会以后，孩子面对的评价中很多都是只看结果的。但是，至少在家里的一段时间，父母需要欣赏孩子努力的过程和姿态，认可孩子质朴、本真的样子，赞许和鼓励孩子。这是父母的重要职责。

将喜悦世代传承

在教育孩子的过程中，我曾经读到过一次针对已将孩子养育成人的父母群体的调查结果，这次调查的结果让我很感兴趣。

在这次调查中，研究者首先询问父母，从孩子出生到离开家为止，他们的幸福度是如何变化的。

父母给出了不少负面例子，比如孩子小的时候父母会睡眠不足、孩子到了叛逆期不听话会令父母十分头疼，因此随着孩子年龄的增长，父母的幸福度始终在波动。取其平均值的话，幸福度也不高。

研究者问父母，将孩子养育成人后，他们是否有成就感？每个人都给出了肯定回答。

几乎所有父母都感到这件事十分有意义，他们认为，虽然自己在教育孩子的过程中遇到了各种各样的问题，但是只有当顺利和挫折都经历过，人生才是有意义的。

我认为这对正在养育孩子的父母来说是一种鼓励。特别是在进入四十岁，即中年期后，人们总会面对人生是否有意义的提问。利用自己积累的经验、知识和技能培养下一代，成为这一代人的任务。这在心理学上被称为"传承"（generativity）。

然而，有的人则认为自己身上没有可以传给下一代的东西，所以无所谓。也有的人对教育孩子毫无兴趣，而是投身于自己热爱的高尔夫球、垂钓或赌博等活动中。这些都是非常危险的征兆。

他们陷入了中年期"停滞不前"和"自我放逐"的困境，无法完成培养下一代的任务。这会成为导致中年危机的一个因素。

　　我认为，"培养孩子成为一个优秀的人"是一项值得付出的事业。父母不仅要把自己的成功经历讲给孩子们听，也要传授给他们关于自己失败的教训；孩子学会从逆境中吸取教训，是非常有意义的。孩子从父母的经历中得到激励，认为父母能做到的事情，自己也能做到，便会萌发旺盛的挑战精神。

　　教育孩子是一件非常辛苦的事，但是它无疑也是一件意义深远的事。有时候，父母可能会濒临崩溃，也会面对不少失败。克服了这样的逆境，完成了对孩子的教育过程，在这之后父母如果能感到自己问心无愧，便能品尝到幸福。

　　在本书的最后，我要感谢在我的第一本书《抗压力》之后继续为本书担任编辑工作的田口卓先生、帮助我面向在校学生进行抗压力知识推广活动的日本积极教育协会的理事同仁们以及担任顾问的博尼韦尔博士。我更要特别感谢在我写作本书的过程中总是在旁边给我温暖守护的妻子和两个孩子。

　　同时，感谢诸位阅读本书。

　　让我们一起来培养具备抗压力的孩子吧。

出版后记

　　《抗压力·亲子篇》是《抗压力》作者久世浩司专门写给父母的一本培养"抗压儿童"的教养手册，他在其中探讨了抗压力对孩子而言意味着什么，有什么优点，以及具体的操作方法。他介绍了五种提高抗压力的方法：增强自尊心、学会情绪调节、提高自我效能感、培养乐观精神和提高人际关系质量。这些方法都需要在父母的引导下进行，因此，父母也需要提高自身的抗压力水平，这其实是父母和子女共同进步的机会，亲子关系也将在这一过程中实现质的飞跃。

　　本书中的方法分为父母练习和亲子练习，都只需要几分钟便能完成，实际操作简单而具有趣味性。尤其是亲子练习，其中很多是可以天天进行的。父母哪怕再忙，只要每天都能拨出3分钟时间和孩子以科学、健康的方式互动，都会起到事半功倍的作用，其意义远胜3小时却会损害亲子关系的低质量互动。

　　正如作者所说，在工作和生活中的很多场合，高水平的抗压力比出众的智商更重要。抗压意味着无论遇到怎样的逆境，都有能力找回自己的最佳状态，绝不会被现实打倒，而总能一次次站起来，向前看。父母对孩子的愿景，很多时候也正是如此。

服务热线：133-6631-2326　188-1142-1266

读者信箱：reader@hinabook.com

后浪出版公司

2019 年 2 月

图书在版编目（CIP）数据

抗压力 . 亲子篇 /（日）久世浩司著；苏萍译 . —— 成都：四川文艺出版社，2019.5
ISBN 978-7-5411-5345-7

Ⅰ . ①抗… Ⅱ . ①久… ②苏… Ⅲ . ①心理压力—心理调节—通俗读物Ⅳ . ① B842.6-49

中国版本图书馆 CIP 数据核字 (2019) 第 038969 号

OYAKO DE SODATERU ORENAI KOKORO
© Koji Kuze 2014
Originally published in Japan in 2014 by Jitsugyo no Nihon Sha, Ltd.
Chinese (Simplified Character only) translation rights arranged through
TOHAN CORPORATION, TOKYO
简体中文版权归属于银杏树下（北京）图书有限责任公司
版权登记号 图进字：21-2019-057

KANGYALI QINZIPIAN

抗压力·亲子篇

[日] 久世浩司 著
苏　萍 译

选题策划	后浪出版公司
出版统筹	吴兴元
编辑统筹	王　頔
责任编辑	陈润路　周　轶
特约编辑	刘昱含
责任校对	汪　平
装帧制造	墨白空间
营销推广	ONEBOOK

出版发行	四川文艺出版社（成都市槐树街 2 号）
网　址	www.scwys.com
电　话	028-86259287（发行部）　028-86259303（编辑部）
传　真	028-86259306

邮购地址	成都市槐树街 2 号四川文艺出版社邮购部　610031
印　刷	北京天宇万达印刷有限公司
成品尺寸	143mm×210mm　　开　本　32 开
印　张	7.5　　字　数　120 千字
版　次	2019 年 5 月第一版　印　次　2019 年 5 月第一次印刷
书　号	ISBN 978-7-5411-5345-7
定　价	36.00 元

后浪出版咨询（北京）有限责任公司 常年法律顾问：北京大成律师事务所
周天晖 copyright@hinabook.com
未经许可，不得以任何方式复制或抄袭本书部分或全部内容
版权所有，侵权必究
本书若有质量问题，请与本公司图书销售中心联系调换。电话：010-64010019